"十四五"职业教育国家规划教材

物联网工程综合实训

◎主　编　陈要求　林剑辉

◎副主编　郑小奔　黄永杰　杨　敏　梁晓武

◎参　编　林旭诚　谢　剑　罗志良　杨勇华

◎主　审　姜绍辉

电子工业出版社

Publishing House of Electronics Industry

北京·BEIJING

内 容 简 介

本书采用任务驱动的项目化方式编写，突出工程实践性，以真实应用项目为导向，结合岗位需求，设置 7 个真实的应用项目，分布在智能家居、智慧社区、电力监控、智慧停车场、在线环境监测、智能照明等常见应用场景。项目中涉及多种常见的传感器，并介绍了国际上常用的物联网通信与控制方式，如 ZigBee、RF、红外、485、Modbus 等，也介绍了现阶段主流的应用层技术，如云服务平台、WebService、手机 APP、H5、Windows 编程等。每个项目都是一个完整的工作过程，包含项目洽谈、项目需求分析、项目方案设计、项目实施、项目验收等。每个任务都有知识链接，便于实施"理实一体化"教学。

本书配套有电子教学参考资料包等教辅材料。

本书可作为职业院校物联网相关专业教材，也可作为工程技术人员自学或参考书籍。

图书在版编目（CIP）数据

物联网工程综合实训 / 陈要求，林剑辉主编 . —北京：电子工业出版社，2018.3

ISBN 978-7-121-33726-0

Ⅰ . ①物… Ⅱ . ①陈… ②林… Ⅲ . ①互联网络—应用②智能技术—应用 Ⅳ . ① TP393.4 ② TP18

中国版本图书馆 CIP 数据核字（2018）第 029639 号

策划编辑：郑　华
责任编辑：郑　华　　　　　　特约编辑：王　纲
印　　刷：北京虎彩文化传播有限公司
装　　订：北京虎彩文化传播有限公司
出版发行：电子工业出版社
　　　　　北京市海淀区万寿路 173 信箱　邮编　100036
开　　本：787×1 092　1/16　印张：13.5　字数：345.6 千字
版　　次：2018 年 3 月第 1 版
印　　次：2024 年 8 月第 11 次印刷
定　　价：49.80 元

2009 年"感知中国"概念的提出，标志物联网技术正式进入我国。经过近十年的发展，物联网已形成了完整的产业体系，具备了先进的技术、产业和良好的应用基础，产业规模从 2009 年的 1700 亿元跃升至 2015 年的 7500 亿元，年复合增长率超过 25%。产业的迅速发展，必然需要大批物联网工程从业人员完成设备的安装部署、调试与维护，这些岗位正好契合职业院校物联网技术与应用专业的培养目标，而现阶段适合职业院校学生学习物联网工程应用技术的教材严重缺乏。

有鉴于此，电子工业出版社组织了一批在教学一线有丰富实践教学经验的教师、优秀的企业工程师组成作者团队，结合智能家居、智慧社区、环境监测等物联网常见的应用场景，精心编写了本教材。

一、编写理念

本教材根据职业院校学生的特点，充分体现项目引领、任务驱动的教学理念。教材以"理实一体"为原则，按照"项目—任务"的结构，项目均来源于实际应用，实现"做中教"和"做中学"，达到"即学即用"的目的。

二、编写特点

在教材的编写过程中，编写团队走访了大量的物联网行业相关企业，进行人才需求、岗位设置、技能要求等方面的调研，并对调研资料进行了深入的分析整理，提炼出典型工作项目及任务，使教材与岗位工作紧密结合。

三、编写内容

本教材结合岗位需求设置了 7 个项目，分布在智能家居、智慧社区、电力监控、智慧停车场、在线环境监测等应用场景。每个项目根据实际施工的对象不同，所采用的组网方式、应用层控制方式也不尽相同，包含了项目洽谈、项目设计、项目实施、项目验收等环节，有助于循序渐进地培养学生的综合职业能力。

四、编写队伍

本教材由陈要求（广东顺德陈登职业技术学校）、林剑辉（广东南沙岭东职业技术学校）担任主编，林旭诚（广东智嵌物联网技术有限公司）、郑小奔（广东顺德陈登职业技术学校）、黄永杰（广东顺德陈登职业技术学校）、杨敏（广东顺德陈登职业技术学校）等企业专家和专业教师共同编写，姜绍辉（广东顺德陈登职业技术学校）担任教材的主审。

此教材在编写过程中得到了广东智嵌物联网技术有限公司的大力支持，特别是林旭诚技术总监，对教材的编写进行了全程的指导。

物联网是一个新兴的、多学科交叉融合、发展迅速的技术领域，由于编者水平有限，教材中难免存在不妥和疏漏之处，希望广大同行、读者不吝批评指正。

编　者

目　录

家居设备智能化控制系统的安装与调试

工作情景 ●●●●●●

　　小哀与士郎是某智能科技有限公司职员，均毕业于本市某职业学校物联网专业。士郎在业务部，负责售前需求分析和用户方案设计。小哀在工程部，负责智能产品的安装与调试、售后维护等工作。

　　某天早会期间，张经理给小哀与士郎分配了一项任务：本市山水云端小区业主刘先生是张经理的朋友，刘先生家是 5 年前装修的，现计划投入 20000 元左右进行智能化改造，主要功能包括电动窗帘、智能照明、安防监控、空调与电视机智能管理等。张经理安排士郎与客户刘先生联系，充分沟通后为刘先生设计一套方案。小哀负责工程安装，张经理提醒小哀在安装的过程中要做到施工安全、效果美观，尽量不破坏原有装修，并与客户保持良好沟通。安装完成后，还要向客户刘先生进行功能介绍和使用说明。

项目描述 ●●●●●●

客户沟通

　　士郎接到任务后，与刘先生取得了联系，并针对投入预算、期望实现的功能、房间数量等与刘先生进行了沟通。

　　刘先生：我打算投入 20000 元左右，希望你们在施工的过程中不破坏原有装修，尽量少布线。施工工期不要太长，以免影响我的正常生活。我希望提高家庭生活的便捷性、舒适性和安全性。

　　士　郎：按照我们以往的工程实施经验，安装一套无线解决方案的智能家居系统大约需要 50000 元。若您的预算只有 20000 元，那么在部分功能上可能要进行取舍，比如门禁系统。刘先生，您是否要将预算往上提一点？

　　刘先生：预算我不准备增加了，希望你们根据我的要求和预算设计出一套合适的方案。

　　士　郎：好的，我回去将根据您的要求设计一套合适的方案。

方案制订

　　根据客户的要求，士郎制订了智能家居设计方案，见表 1-0-1。

表 1-0-1　智能家居设计方案

客户情况简介					
客户姓名	刘××	电　话	134×××××××	地　址	山水云端小区8座1503
资金预算	20000元	设计人	士　郎	日　期	2017年6月20日

客户情况描述：

客户刘先生是某IT公司软件工程师，在山水云端小区8座1503有一套120m²的套房（三室二厅，包括儿童房、书房、主人房、两个卫生间、客厅、饭厅、厨房、入户花园、阳台），5年前完成装修，所有强弱电均为暗装。客户要求施工时间短，不影响正常生活，并且安装美观，不破坏原有装修

客户需求分析：

实现智能照明、智能安防、电动窗帘、智能监控和远程控制

总体方案描述

1. 根据客户的需求、场地实际情况及资金预算，引入智能家居网关并连入云平台
2. 将原有的机械式电器控制开关更换为RF智能开关
3. 将原有的窗帘导轨更换为RF通信电动窗帘导轨
4. 安装网络摄像头
5. 安装无线红外防盗器
6. 安装红外中继转发器控制空调和电视机
7. 所有控制设备均采用无线（WiFi、RF、红外通信）控制方式
8. 所有设备安装尽量靠近原有电源插座。对于确需布线的设备，尽量隐藏线缆，不能隐藏的采用不锈钢装饰条进行装饰

设备与费用清单

设备或费用名称	数　量	品　牌	价格（元）
智嵌云控网关	1	智嵌	5000
智能路由器	1	TP-LINK	200
智能开关	10	智嵌	500
电动窗帘	5	林亚	1500
网络摄像头	1	海康威视	500
红外中继转发器	2	HOPE	300
红外探测与报警设备	2	360	300
移动APP控制程序	1	智嵌	1000
移动控制终端	1	华为	4000
线缆及其他耗材	若干	其他	1000
施工费	—	—	3000
后期维护费	—	—	3000
总　计			20300

士郎根据设计方案绘制了刘先生家的智能家居系统拓扑图，如图 1-0-1 所示。

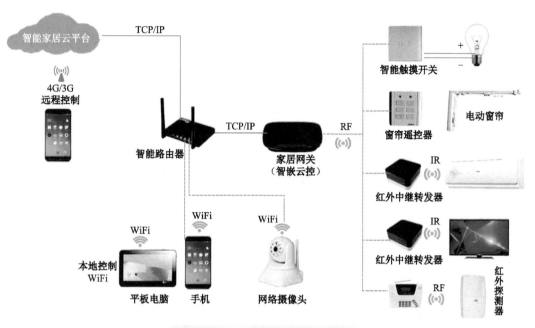

图 1-0-1　智能家居系统拓扑图

同时，士郎根据客户刘先生家的户型图，绘制了项目安装示意图，如图 1-0-2 所示。

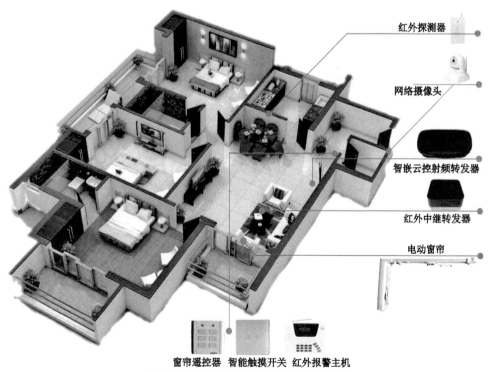

图 1-0-2　智能家居项目安装示意图

3. 派工分配

士郎将设计方案及图纸转交给工程部，工程部经理制作了派工单（表 1-0-2），并将任务转给小哀具体负责实施。

表 1-0-2 派工单

客户名称	刘××	联系人	刘××	联系电话	134×××××××
施工地点	山水云端小区8座1503	派出工程师	小 哀	派工时间	2017-6-25
工作内容	安装与调试智能家居系统，包含照明控制、安防监控、电器控制等功能				
工作要求	严格按照安装、连线、测试、调试的步骤实施，保证设备运行正常、稳定 施工规范，操作安全，布线合理、美观、牢固 施工完成后，向客户介绍设备的使用方法 展示良好的公司形象，做到服务热情，与客户保持良好沟通，确保客户满意				
注意事项	因施工场所已完成装修，因此应尽量减少布线。若确需布线，要在不破坏原有装修的基础上，征得客户同意后再布线				
预计工时	8工时	开工时间		实际完工时间	
客户填写部分					
效果评价					
验收结果			客户签字		

小哀接到派工单后，将任务具体分解如下。

任务 1：智能照明设备的安装与调试。

任务 2：电动窗帘的安装与调试。

任务 3：智能红外遥控设备的安装与调试。

任务 4：家居安防与监控设备的安装与调试。

任务 1 智能照明设备的安装与调试

任务描述

根据项目方案与安装示意图，本任务选择项目中的一组智能照明电路进行安装与调试，实现通过智能触摸开关控制灯光亮灭，通过移动终端实现本地和远程控制灯光亮灭。具体示意图如图 1-1-1 所示。

根据系统示意图，列出本任务需要用到的设备与材料清单，见表 1-1-1。

工具与设备如图 1-1-2 所示。

任务要求

完成智能灯光系统设备的固定与安装。

完成智能灯光系统各类线缆的连接，通过智能触摸开关实现开关灯操作。

完成"智嵌云控"APP的安装与部署。

完成局域网的搭建，并通过设置使所有连网设备互连互通。

完成APP与智能开关的关联操作，实现通过移动终端远程或本地控制开关灯操作。

遵守电工操作规范，设备安装与布线做到美观牢固，横平竖直。

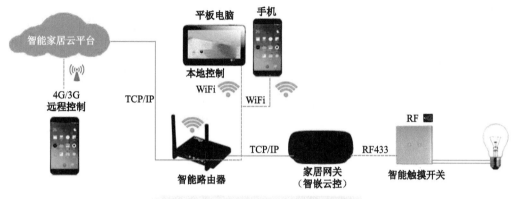

图1-1-1　智能照明系统框架示意图

表1-1-1　设备与材料清单

设备或材料名称	数　量	备　注
智能触摸开关	1	采用智嵌品牌，基于RF433通信
家居网关	1	智嵌云控
灯泡、灯座	1	—
86型安装底盒	2	—
路由器	1	TP-LINK
移动终端	1	手机或平板电脑
网线、电源线	若干	电源线横截面积不小于1mm²

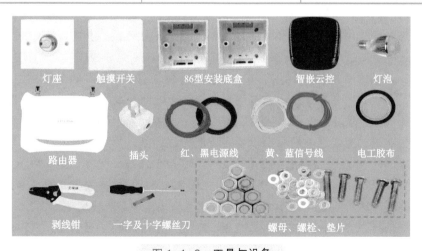

图1-1-2　工具与设备

了解智能家居系统的概念和常用的通信方式。

能安装智能照明系统。

会搭建典型的家庭和办公网络。

会使用智嵌云控设备及 APP 控制 RF433 开关设备。

知识链接

一、智能家居系统

1. 智能家居系统的概念

智能家居系统是利用先进的计算机技术、网络通信技术、综合布线技术、医疗电子技术，依照人体工程学原理，融合个性需求，将与家居生活有关的各个子系统如安防、灯光控制、窗帘控制、煤气阀控制、信息家电、场景联动、地板采暖、保健、卫生防疫等有机地结合在一起，通过网络实现综合智能控制和管理，提升家居智能性、安全性、便利性、舒适性，实现"以人为本"的全新家居生活体验。智能家居系统又称智能住宅，英文名称为 Smart Home，其功能示意图如图 1-1-3 所示。

智能家居系统不仅具有传统的居住功能，而且具有信息交互功能，使人们能够在外部查看家居信息和控制家居设备，便于人们有效安排时间，使家居生活更加安全、舒适。

2. 智能家居发展现状

智能家居自 20 世纪 90 年代引入国内以来，经历了概念导入期、困惑期、成长期和爆发期。2011—2014 年，我国智能家居市场规模连续 4 年保持超过 30% 的增长速度。其中在 2014 年，市场规模达到 280 亿元，比 2013 年增长了近 40%。

目前，国内从事智能家居的企业呈井喷式增长，从传统家电厂商，如海尔、美的、格力、TCL、格兰仕，到电商巨头阿里、京东，再到互联网公司和手机平台，如腾讯、360、乐视、华为、联想、魅族、中兴等，中小型企业更是多不胜数。行业巨头都在搭建一个统一的技术标准平台，以便接入不同品牌的产品，如海尔的 U-home、美的的 M-Smart、阿里的小智、腾讯的 QQ 物联、小米的智能路由等。部分品牌如图 1-1-4 所示。

3. 智能家居系统的通信方式

智能家居系统采用有线通信和无线通信两种信息交互方式。其中，有线通信通常采用五类线、总线或电力线传输控制信号，这种方式须提前进行线路布置，移动性差，但是信号传输稳定。无线通信通常用于用户端与智能家居系统控制端之间的交互，如通过远程桌面、4G 技术进行的远程控制，以及通过蓝牙、WiFi 等进行的室内控制，这种方式移动性好，具有很强的拓展性，但是传输距离有限且通信易受干扰。目前通常将这两类技术结合起来，即采用前期预布线的有线通信和后期设备完善的无线通信。

智能家居系统常用有线通信技术主要有 RS-485 总线，IEEE 802.3 以太网，EIB 和 KNX 总线，LonWorks 现场总线，X-10 和 PLC-Bus 电力载波协议，C-Bus、Modbus、CANBus 等现场开放总线，AXLink 私有协议专用总线 7 种，具体见表 1-1-2。智能家居系统常用无线通信技术主要有无线射频、蓝牙、WiFi（IEEE 802.11a/b/g/n）、ZigBee（IEEE 802.15.4）、Z-Wave 这 5 种，具体见表 1-1-3 所述。

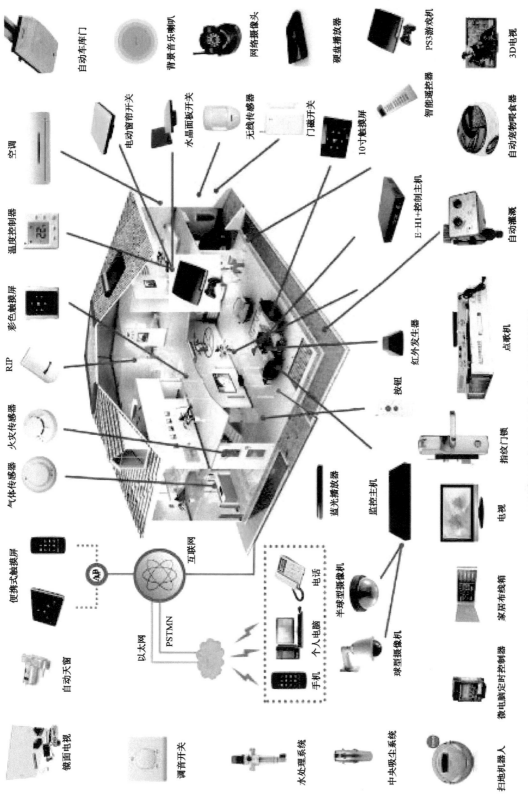

图 1-1-3 智能家居系统功能示意图

自动车库门
背景音乐喇叭
网络摄像头
硬盘播放器
PS3游戏机
3D电视

空调
电动窗帘开关
水晶面板开关
无线传感器
门磁开关
10寸触摸屏
智能遥控器
自动宠物喂食器

温度控制器
E-H1+控制主机
自动灌溉

彩色触摸屏
红外发生器
点歌机

RIP
按钮

火灾传感器
指纹门锁

气体传感器
蓝光播放器
监控主机
电视

自动天窗
便携式触摸屏
互联网
AP
以太网
PSTMN
个人电脑
电话
半球型摄像机
球型摄像机
家居布线箱
手机

镜面电视
调音开关
水处理系统
中央吸尘系统
微电脑定时控制器
扫地机器人

图 1-1-4　国内外较知名的智能家居品牌

表 1-1-2　智能家居系统常用有线通信技术

技术 \ 参数	总线形式	传输距离（m）	网络结构	通信速率（bps）	网络容量	协议规范	常见应用
RS-485	二芯双绞线	1500	总线式、环形	300～9.6K	3网段可扩充至255	RS-485	消防类设备通信
IEEE 802.3（Ethernet）	八芯双绞线	100	星形对等	10M～1000M	可无限扩充	TCP/IP	互联网
EIB和KNX	四芯专用双绞线	1000	总线式、星形、环形	3.8K	4或12网段可扩充	—	智能建筑
LonWorks	双绞线、同轴线、电力线等	2500	自由拓扑	300～1.25M	64网段可扩充	LonTalk	工业控制
X-10和PLC-Bus	普通电力线	1500	总线式、星形	100～200	64000	行业级	智能家居
CANBus、C-Bus、Modbus等	二芯专用线	—	总线式	9.6K	64M地址码	私有	建筑灯光控制
AXLink	专用线	—	总线式	9.6K	—	私有	智能控制

表 1-1-3　智能家居系统常用无线通信技术

参数 \ 技术	无线射频	蓝牙	WiFi	ZigBee	Z-Wave
工作频率（Hz）	315M、433M等	2.4G	2.4G	2.4G	908.42M（美国）858.42M（欧洲）
典型传输距离（m）	50～100	10	50～300	5～100	5～100
网络结构	点到点	微微网/分布式	蜂窝	动态路由自组	动态路由自组
通信速率（bps）	1.2K～19.2K	1M	1M～600M	250K	9.5K
网络容量	可无限扩充	8	50	255可有限扩充	232
协议规范	自定义	蓝牙技术联盟	IEEE 802.11	IEEE 802.15.4	Z-Wave联盟
安全与加密	自定义	密钥（四反馈移位寄存器）	WEP、WPA等	AES-128算法	—
常见应用	汽车遥控、物联网	电脑无线键鼠、耳机等	无线局域网	物联网	智能家居、消费电子

二、智能触摸开关

智能触摸开关（图 1-1-5）是一种新兴产品，一般指应用触摸感应芯片原理设计的墙壁开关，是传统机械按键式墙壁开关（图 1-1-6）的换代产品。这种开关更加智能化，操作更方便，有传统开关不可比拟的优势，是目前非常流行的一种装饰性开关。智能触摸开关不需要人体直接接触金属，可以彻底消除安全隐患，即使戴手套也可以使用，并且不受空气温度、人体电阻变化等影响，使用更加方便。它没有任何机械部件，几乎不会磨损，寿命极长，减少了后期维护成本。其感测部分可以放置在任何绝缘层（通常为玻璃或塑料）的后面，很容易密封。

图 1-1-5　智能触摸开关　　　　图 1-1-6　传统的机械式开关

目前市面上流行的智能触摸开关通常采用无线通信方式，基本上基于 ZigBee 或 RF433 进行通信。

和机械式开关相比，智能触摸开关功能多，使用安全，而且美观，被广泛应用于家居智能化改造、办公室智能化改造、工业智能化改造、农林渔牧智能化改造等多个领域，可极大地节约能源，提高生产效率，降低运营成本。

任务实施

一、工作任务及分工表

工作任务及分工表见表 1-1-4。

表 1-1-4　工作任务及分工表

工 作 任 务	具 体 任 务 描 述	具 体 分 工
设备安装	将智能开关、灯泡、灯座、86型底盒、路由器、智嵌云控家居网关等设备，按照安装位置图固定在实训架的指定位置上，要求安装稳固、美观大方 通过自主学习完成任务中的练习题	
线路连接	用电源线正确连接智能开关、灯座 触摸智能开关，可以控制灯的开关 所有线路连接正确，不存在短路、断路的情况，安装顺利，布置恰当 正确连接路由器、电脑、移动终端等设备 通过自主学习完成任务中的练习题	
网络搭建	进入路由器设置界面，正确设置，使路由器可以接入Internet。设置路由器的WiFi，使移动设备可以接入路由器 通过自主学习完成任务中的练习题	

工 作 任 务	具体任务描述	具 体 分 工
软件安装与调试	在移动终端上安装"智嵌云控"APP 在"智嵌云控"APP中添加网关设备,并正确添加智能开关设备 为APP中的灯光开关按钮学习RF433编码 通过自主学习完成APP界面的制作	
其他	做到安全用电,遵循先测试再通电的原则 线路连接符合规范 安装过程中保持环境整洁,不乱丢工具、设备、线材 安装过程中不大声喧哗,不随意走动 安装过程中未出现工具、设备掉落等情况	

二、实施步骤

1. 设备安装与布线

步骤1 用4颗螺钉将两个86型底盒安装到实训墙面上,保证底盒安装牢固、横平竖直。

步骤2 智能开关连线。

(a)阅读智能开关说明书,其中 N 端口代表 _____,L 端口代表 _____,L1 端口代表 _____,L2 端口代表 _____。

(b)选取长约 60cm 的红、黑电源线,两端剥掉约 9mm 长的外皮。

(c)将红色电源线插入智能开关的正极 L 接线柱,黑色电源线插入智能开关的负极 N 接线柱,然后用螺丝刀拧紧接线柱螺钉(图 1-1-7)。

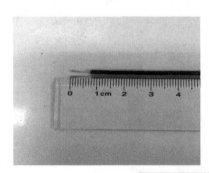

图 1-1-7 剥线长度与智能开关连线

(d)将电源线的另一端连接至三极电源插头,遵循左零右火的原则(图 1-1-8)。

图 1-1-8 三极电源插头连线效果图

（e）将电源线插入接线柱后，检查有无毛刺外露（建议用压线端子进行压线固定）。

步骤3 灯泡底座连线。

（a）选取长约 40cm 的红、黑电源线，两端均剥皮约 9mm。

（b）将灯泡底座的两个端子分别用红、黑电源线连接至智能开关的 N 端口（黑色线）和 L1 端口（L1 代表第一个开关，用红色线连接），如图 1-1-9 所示。

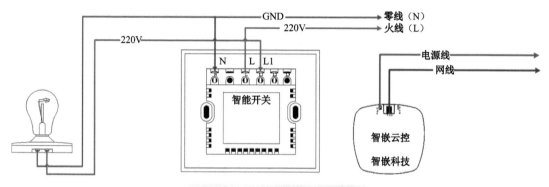

图 1-1-9 智能照明系统连线图

步骤4 用一字螺丝刀撬动智能开关面板边缘处的卡扣，直到撬开面板。将智能开关用螺钉固定到 86 型底盒上，用同样的操作方法将灯泡底座固定到 86 型底盒上（图 1-1-10）。

图 1-1-10 智能开关的固定

步骤5 完成布线后，用万用表测试线路是否短路、断路。

步骤6 确认线路正确后，安装灯泡，接通电源，按智能开关 a 按键，能正常开关灯则表明任务完成。安装完成效果图如图 1-1-11 所示。

步骤7 通过网络检索相关标准及知识，填写以下内容。

我国家庭用电标准电压	_____V	家庭用电一般为	□ 交流 □直流
家装中火线L一般用_____、_____、_____三种颜色中的一种表示			
家装中黄、绿双色线一般表示：_____			
在电路中用红、黑色并行的双芯线：红色表示_____，黑色表示_____			

2. 网络搭建

步骤1 设备固定与连线。

图 1-1-11　安装完成效果图

（a）将智嵌云控家居网关与路由器固定在实训墙上，为两个设备接通电源。

（b）用一条网线连接智嵌云控家居网关的网络接口和路由器的 LAN 口。

（c）用一条网线连接路由器的 WAN 口和接入 Internet 的网络设备接口。

（d）用一条网线连接路由器的 LAN 口和电脑。连线示意图如图 1-1-12 所示。

步骤 2　路由器设置。

（a）将电脑的 IP 地址设置为自动获取，如图 1-1-13 所示。

（b）在电脑浏览器中输入路由器的默认地址，并输入用户名与密码（在路由器的底部能找到相关信息，如图 1-1-14 所示，常用的 TP-LINK 路由器默认地址为 192.168.1.1，默认的用户名与密码为 admin），进入路由器管理界面。

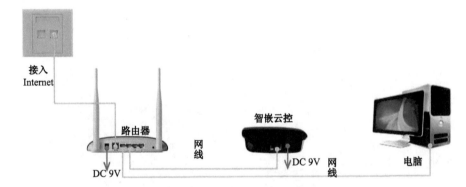

图 1-1-12　网络连线示意图

图 1-1-13　设置 IP 地址为自动获取

图 1-1-14　路由器底部信息与登录界面

（c）若路由器地址错误或不能登录，可长按路由器背面的 Reset 键 5s，恢复出厂设置（图 1-1-15）。

（d）进入路由器管理界面后，单击下方的"路由设置"图标（图 1-1-16）。

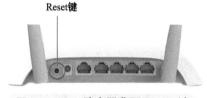

图 1-1-15　路由器背面 Reset 键

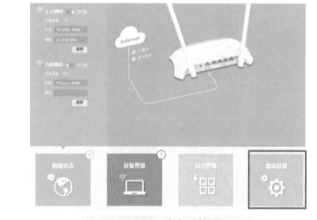

图 1-1-16　路由器管理界面

（e）单击管理界面左侧"上网设置"菜单，在"上网方式"下拉列表中选择"自动获得 IP 地址"，单击"保存"按钮，查看界面下方的提示，若提示"WAN 口网络已连接"，则表示连接成功，如图 1-1-17 所示；若提示"WAN 口连接异常"，则表示上网方式选择不正确，家庭网络可能用宽带拨号方式上网，单位网络则可能用固定 IP 地址。

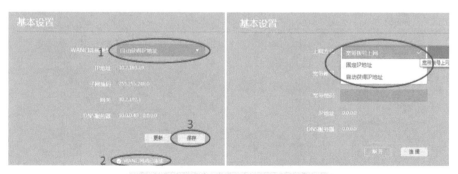

图 1-1-17　WAN 口上网方式设置

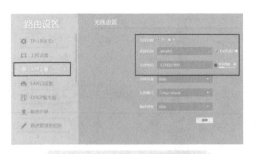

图 1-1-18　路由器无线设置

（f）在管理界面中选择"无线设置"，设置好 WiFi 名称及密码（图 1-1-18）。

步骤 3　用手机连上路由器的 WiFi，测试能否接入 Internet，若不能接入 Internet，则检查 WAN 口的连线是否正确，上网方式设置是否正确。

步骤 4　通过查看路由器说明书、小组讨论、上网检索，回答以下问题。

（a）无线路由器中，WAN 口用来连接 _____ 网络，LAN 口用来连接 _____。

（b）在路由器 WAN 参数设置中，WAN 口的连接类型有哪几种？分别在什么情况下采用？

（c）如何通过手机来设置路由器的各项参数？

3. 软件安装与调试

步骤 1　软件安装。

（a）打开手机或平板电脑（基于安卓操作系统），连接智嵌云控设备所在的路由器 WiFi。

（b）运行手机软件市场 APP（如百度手机助手、安卓市场），搜索"智嵌云控"，下载并安装"智嵌云控"APP。或者直接在百度网页中搜索"智嵌云控"并下载（图 1-1-19）。

步骤 2　软件调试。

（a）运行"智嵌云控"APP。

（b）在屏幕上向左滑动手指。

（c）选择"我的设备"。

（d）在打开的"添加设备"界面中选择"反馈开关"（图 1-1-20）。

图 1-1-19　"智嵌云控" APP 下载界面

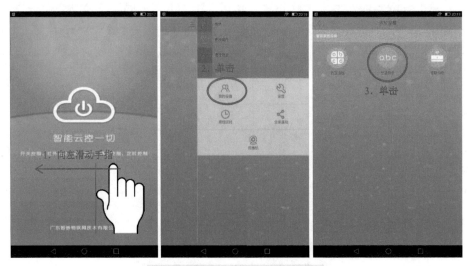

图 1-1-20　添加"反馈开关"

（e）在打开的界面中单击"扫描"，然后长按触摸开关 a 按键 3s，直到 b 按键闪烁。

（f）若提示"添加成功"，则表明操作完成，否则重复前面两步（图 1-1-21）。

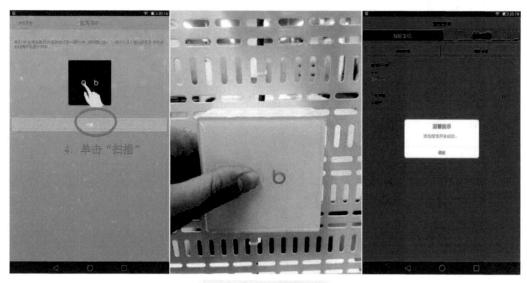

图 1-1-21　添加完成

步骤 3　功能测试。

（a）返回至"智嵌云控"APP 主界面，向右滑动，选择"反馈开关"。

（b）在打开的界面中单击 a 按钮，查看灯光是否开启，再次单击 a 按钮，查看灯光是否关闭（图 1-1-22）。

（c）在移动终端上关闭 WiFi 信号，通过 4G 信号控制灯光。若能正常控制，则软件调试任务初步完成。

图 1-1-22　用 APP 控制灯光开关

步骤 4 通过小组讨论、自主探索等，采用设置背景图像等方式，美化"反馈开关"控制界面。

任务

2 电动窗帘的安装与调试

任务描述

根据项目方案与安装示意图，本任务选择项目中的一组电动窗帘进行安装与调试，实现通过遥控器控制电动窗帘的开合及停止，通过移动终端实现本地和远程控制窗帘的开合及停止。具体示意图如图 1-2-1 所示。

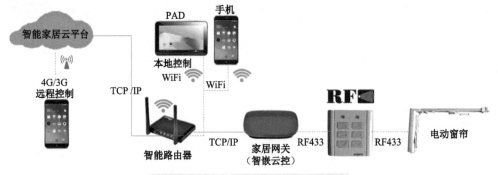

图 1-2-1　电动窗帘系统框架示意图

根据系统示意图，列出本任务需要用到的设备与材料清单，见表 1-2-1。

表 1-2-1　设备与材料清单

设备或材料名称	数　量	备　注
电动窗帘遥控器	1	—
电动窗帘电动机	1	—
路由器	1	任务1已安装
智嵌云控网关	1	任务1已安装
移动终端	1	任务1已使用
网线、电源线	若干	—

工具与设备如图 1-2-2 所示。

任务要求

完成电动窗帘的组装。

完成电动窗帘的安装与固定。

完成 APP 与窗帘的关联操作，实现通过移动终端远程或本地控制窗帘的开合与停止。

遵守电工操作规范，设备安装与布线做到美观牢固。

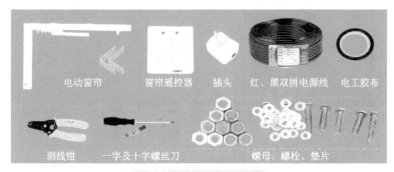

剥线钳　　一字及十字螺丝刀　　　螺母、螺栓、垫片

图 1-2-2　工具与设备

任务目标

了解电动窗帘的常见品牌、特点和通信方式。

会安装电动窗帘。

会使用智嵌云控设备及 APP 控制电动窗帘。

知识链接

一、电动窗帘

1. 什么是电动窗帘

电动窗帘指能通过按钮或遥控器控制开合的窗帘，在安装了智能化设备的情况下，也可以用手机或者平板电脑进行远程操作。

2. 电动窗帘的特点

（1）控制方式多样性。电动窗帘系统有手动、智能线控按钮、遥控器等控制方式。当窗帘完全开启或关闭时，驱动设备能及时停止工作。发生断电时，仍可手动开合窗帘。

（2）智能性。电动窗帘具备轻触启动功能，用手向某个方向轻轻拉动窗帘，窗帘会自动运行，直至完全打开或完全关闭后自动停止。电动窗帘具备遇阻停止功能，用手拉住正在打开或关闭的窗帘时，窗帘会自动停止。电动窗帘可接入智能家居系统，实现智能控制，如定时开启、调节室内亮度、配合各种场景自动开合等。

（3）安全性。电动窗帘的驱动设备装有可靠的安全保护装置，电动窗帘的电动机具有自我保护功能，可避免损坏，延长使用寿命。

电动窗帘的常见品牌如图 1-2-3 所示。

图 1-2-3　电动窗帘的常见品牌

3. 电动窗帘的分类

电动窗帘一般分为电动开合窗帘与电动卷帘两种。

电动开合窗帘一般由窗帘双向电动机、导轨、主副传动箱、滑车、挂布吊轮、传动皮带、无线遥控器及墙控器等设备组成，具体如图 1-2-4 所示。

电动卷帘一般由管状电动机、转轮、传动管、底梁、遥控器等设备组成，如图1-2-5所示。

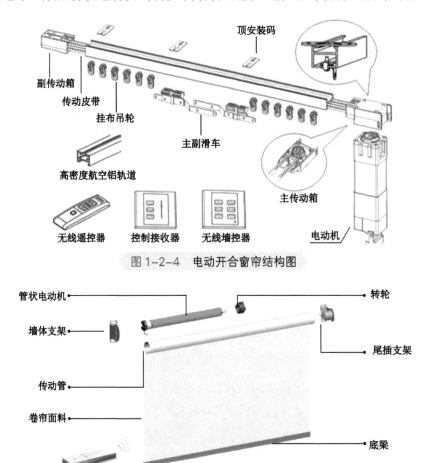

图1-2-4　电动开合窗帘结构图

图1-2-5　电动卷帘结构图

二、射频通信技术

1. 射频通信的概念

在电子学理论中，交变电流通过导体时，在导体周围会形成交变电磁场，称为电磁波。当电磁波频率低于100kHz时，电磁波会被地表吸收，不能有效传播；但当电磁波频率高于100kHz时，电磁波可以在空气中传播，并经大气层外缘的电离层反射，形成远距离传输能力。我们把具有远距离传输能力的高频电磁波称为射频（RF）。

2. 射频通信技术的分类与应用

按载波频率可将射频分为低频射频、中频射频和高频射频。低频射频主要有125kHz和134.2kHz两种，中频射频主要为13.56MHz，高频射频主要为315MHz、433MHz、915MHz、2.45GHz、5.8GHz等。低频系统主要用于短距离、低成本的场合，如校园卡、动物监管、货物跟踪等。中频系统主要用于门禁控制和须传送大量数据的场合。高频系统主要用于需要较长的读写距离和高读写速率的场合，其天线波束方向较窄且价格较高，多应用于火车监控、高速公路收费等系统中。

射频通信技术为短距离无线通信技术，常见的有 433MHz、315MHz 等。433MHz 射频通信技术是一种简单而成熟的无线通信技术，其使用的 433MHz 频率是我国的免申请段发射和接收频率，可直接使用，抗干扰能力强，并支持各种点对点、一点对多点的无线数据通信方式，具备传输距离远、穿墙性好、功耗低、成本低等优点。与其他无线通信技术如 ZigBee、WiFi 等相比，433MHz 射频通信技术的缺点也比较明显。一是其传输速率只有 9600bps，远小于 WiFi 和 ZigBee 的传输速率。二是 433MHz 网络中一般采用数据透明传输协议，因此其网络安全性较差。

射频通信技术适用于数据量不是很大、对成本较敏感的家庭网络，是智能家居系统中常用的一种通信手段。本项目中的家居网关（智嵌云控）设备、电动窗帘、智能开关、报警设备等均采用 433MHz 射频通信技术。

任务实施

一、工作任务及分工表

工作任务及分工表见表 1-2-2。

表 1-2-2　工作任务及分工表

工 作 任 务	具体任务描述	具 体 分 工
设备安装	组装窗帘电动机与导轨等部件，并将它们固定在实训架上	
线路连接	为窗帘电动机通电	
设备调试	将窗帘遥控器与电动窗帘对码 将窗帘遥控器与智嵌云控设备及APP关联，实现控制电动窗帘开合、暂停	
其他	做到安全用电，遵循先测试再通电的原则 线路连接符合规范 安装过程中保持环境整洁，不乱丢工具、设备、线材 安装过程中不大声喧哗，不随意走动 安装过程中未出现工具、设备掉落等情况	

二、实施步骤

1. 设备安装

步骤1 将两块顶安装码放到窗帘杆顶部并向右拧 45°，使之与窗帘杆呈垂直状态。

步骤2 将两块侧安装码与顶安装码用 4 个螺钉固定（图 1-2-6）。

图 1-2-6　安装窗帘顶安装码与侧安装码

步骤3 将窗帘电动机与主传动箱对接好后，向右拧45°，完成窗帘电动机的安装（图1-2-7）。

步骤4 两人配合将窗帘杆安装到实训架上，用螺钉拧紧窗帘侧安装码与实训架。

步骤5 将窗帘控制器的安装底板用螺钉固定在实训架上，再将窗帘控制器卡入安装底板。

2. 线路连接与设备调试

步骤1 为电动窗帘通电（220V），为窗帘遥控器安装两节7号电池。

步骤2 将电动窗帘与遥控器对码，先用小号螺丝刀顶住窗帘电动机下方的对码孔，长按3s直到对码指示灯变红，如图1-2-8所示。

图1-2-7 电动机安装效果图　　　　图1-2-8 电动窗帘与遥控器对码

步骤3 找到窗帘遥控器背面的对码按键，用螺丝刀按下。对码后，用窗帘遥控器控制窗帘的开合，测试正常则表示对码成功，否则重复以上两步。

步骤4 运行"智嵌云控"APP，进入主界面后，向右侧滑动，首先单击下方的"遥控"按钮，再单击上方的"新建遥控"按钮。

步骤5 在新建遥控界面中将遥控开关命名为"电动窗帘"，类型选择"开关"，设备选择对应的智嵌云控主机，然后选择对应的背景图片（图1-2-9）。

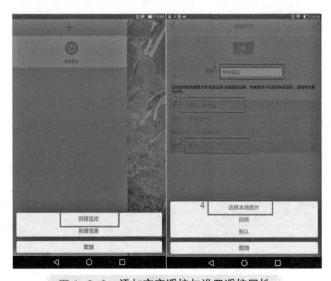

图1-2-9 添加窗帘遥控与设置遥控属性

步骤 6 进入按钮界面后，向左滑动，进入按钮编辑模式，先删除默认的圆形按钮，再分别添加 3 个方形按钮，并设置其背景图片为窗帘开启图片、暂停图片、窗帘闭合图片（图 1-2-10）。

图 1-2-10 编辑遥控属性与添加方形按钮

步骤 7 单击"窗帘开启"按钮，在弹出的菜单中选择"学习"→"学习 433M 射频码"，待智嵌云控设备学习指示灯变红后，将窗帘遥控器对准智嵌云控设备，长按遥控器上的开启窗帘按键，直到智嵌云控设备红色指示灯熄灭（图 1-2-11 和图 1-2-12）。

图 1-2-11 为按钮学习射频码

步骤 8 用相同的方法为"窗帘闭合"、"窗帘暂停"按钮学习射频码。

步骤 9 测试"窗帘开启"按钮。

步骤 10 阅读本任务相关知识或上网查询，完成以下内容。

本任务所使用的电动窗帘采用的是＿＿＿＿＿＿＿＿通信方式，市面上常见的电动窗帘一般采用＿＿＿＿＿和＿＿＿＿＿等方式进行无线通信。射频通信在智能家居中常使用＿＿＿＿和＿＿＿＿两种频率。电动窗帘一般分为＿＿＿＿＿＿＿和＿＿＿＿＿＿两种。

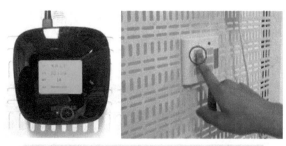

图 1-2-12　窗帘遥控器与智嵌云控设备对码

任务 3　智能红外遥控设备的安装与调试

任务描述

根据项目方案与安装示意图，本任务实现对客厅的空调、电视机进行管理，通过移动终端实现本地和远程控制空调的开关与调温，以及电视机的开关与调频。具体示意图如图 1-3-1 所示。

图 1-3-1　智能红外遥控设备系统框架示意图

根据系统示意图，列出本任务需要用到的设备与材料清单，见表 1-3-1。

表 1-3-1　设备与材料清单

设备名称	数量	备注
红外中继转发器	2	—
电视机	1	采用实训室已安装好的电视机或投影仪
空调	1	采用实训室已安装好的空调
路由器	1	任务1已安装
智嵌云控网关	1	任务1已安装
移动终端	1	任务1已使用

红外中继转发器如图 1-3-2 所示。

图 1-3-2　红外中继转发器

任务要求

完成红外中继转发器的安装。

在"智嵌云控"APP 中添加红外中继转发器。

在 APP 中通过红外中继转发器学习控制空调与电视机的指令。

任务目标

了解红外通信技术的特点和应用。

会使用智嵌云控设备及 APP 添加红外中继转发器。

会使用 APP 通过红外中继转发器学习如何控制空调与电视机。

知识链接

一、红外通信技术的概念

红外通信利用 950nm 近红外波段的红外线作为传递信息的媒体，即通信信道。发送端将基带二进制信号调制为一系列脉冲串信号，通过红外发射管发射红外信号。吸收端将吸收到的光脉冲转换成电信号，再经过放大、滤波等处理后送给解调电路进行解调，还原为二进制数字信号后输出。常用的有通过脉冲宽度来实现信号调制的脉宽调制（PWM）和通过脉冲串之间的时间间隔来实现信号调制的脉时调制（PPM）两种方法。

简而言之，红外通信的本质就是对二进制数字信号进行调制与解调，以方便用红外信道进行传输。红外通信接口就是针对红外信道的调制解调器。

二、红外通信技术的特点

红外通信技术适合于低成本、跨平台、点对点高速数据连接，尤其是嵌入式系统。红外通信技术是在世界范围内被广泛使用的一种无线连接技术，被众多的硬件和软件平台所支持。其特点主要有以下几个。

① 通过数据电脉冲和红外光脉冲之间的相互转换实现无线数据收发。

② 主要用来取代点对点的线缆连接。

③ 新的通信标准兼容早期的通信标准。

④ 可实现小角度（30°锥角以内）、短距离，点对点直线数据传输，保密性强。

⑤ 传输速率较高，4M 速率的 FIR 技术已被广泛使用，16M 速率的 VFIR 技术已经发布。

⑥ 红外通信技术是限定使用空间的。在红外线传输的过程中，遇到不透光的材料，它就会反射。这一特点限定了其物理使用性。

⑦ 红外通信技术利用光传输数据，不占用无线频道资源，且安全性特别高。

⑧ 红外线发射和接收设备在同一频率下可以通用。

⑨ 科学实验证明，红外线对人体无有害辐射。

此外，红外通信技术还有抗干扰性强、系统安装简单、易于管理等优点。

任务实施

一、工作任务及分工表

工作任务及分工表见表 1-3-2。

表 1-3-2　工作任务及分工表

工 作 任 务	具体任务描述	具 体 分 工
设备安装	将红外中继转发器放在能与空调、电视机正常通信的合适位置	
设备调试	通过智嵌云控设备及APP添加红外中继转发器	
	使用APP通过红外中继转发器学习如何控制空调	
	使用APP通过红外中继转发器学习如何控制电视机	
其他	安装过程中保持环境整洁，不乱丢工具、设备、线材	
	安装过程中不大声喧哗，不随意走动	
	安装过程中未出现工具、设备掉落等情况	

二、实施步骤

步骤1　为两个红外中继转发器安装两节 5 号电池。

步骤2　进入"智嵌云控"APP，向左滑动，选择"我的设备"→"添加设备"→"物联中继"（图 1-3-3）。

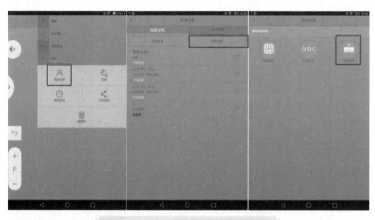

图 1-3-3　添加红外中继转发器

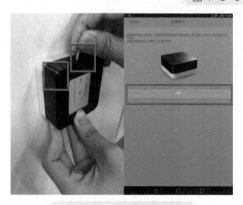

图 1-3-4　完成设备添加

步骤3　用圆珠笔按下对接空调的红外中继转发器的复位键，当红外中继转发器的蓝灯闪烁时单击 APP 中的"扫描"按钮，完成设备的添加。采用相同的方法，完成电视机对应的红外中继转发器的添加，使红外中继转发器能与电视机进行红外通信（图 1-3-4）。

步骤4　将两个红外中继转发器摆放到空调与电视机能接收到信号的位置，建议红外中继转发器与信号接收设备间的距离不超过 3m，安装位置可参考图 1-3-5。

图 1-3-5　红外中继转发器安装位置

步骤 5　在 APP 中添加空调遥控，在新建遥控界面中设置各参数，名称为空调，类型为空调（码库），设备选择空调对应的红外中继转发器。进入码库选择界面，选择空调对应的品牌，反复单击"测试下一个"按钮，直到空调控制成功。然后单击"下载"按钮，完成空调的学习（图 1-3-6）。

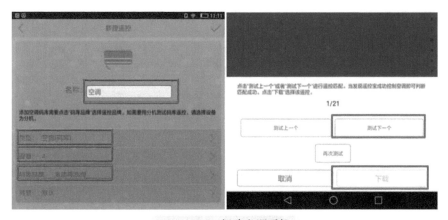

图 1-3-6　新建空调遥控

步骤 6　在 APP 中添加电视机遥控，在新建遥控界面中设置各参数，名称为电视机，类型为电视机、机顶盒，设备选择电视机对应的红外中继转发器。完成参数设置后进入电视机控制界面，单击其中的开关电视机按钮，选择"学习红外码"，待弹出学习界面后，将电视机遥控器对准智嵌云控主机并轻按遥控器中的开关电视机按钮完成学习，其他按钮的学习方法与此相同（图 1-3-7）。

步骤 7　通过 APP 对空调及电视机进行控制测试。

步骤 8　通过阅读本任务相关知识或上网检索完成以下判断题。

（a）红外传输有方向性，发射器应尽量对准接收器。　　　　　　　　　（　　）

（b）红外传输具有良好的穿透性，发射器与接收器之间可以有遮挡物。　（　　）

（c）红外遥控传输距离远，可达数百米。　　　　　　　　　　　　　　（　　）

（d）红外遥控成本低，抗干扰能力强，因此应用非常广泛。　　　　　　（　　）

（e）射频遥控在传输穿透性、方向性、距离等方面均优于红外遥控。　　（　　）

图1-3-7 学习红外码

任务 4 家居安防与监控设备的安装与调试

任务描述

根据项目方案与安装示意图，本任务完成项目中一组家居安防与监控设备的安装，实现本地或远程查看监控摄像头所拍摄的图像。具体示意图如图1-4-1所示。

图1-4-1 家居安防与监控设备系统示意图

根据系统示意图，列出本任务需要用到的设备与材料清单，见表1-4-1。

工具与设备如图1-4-2所示。

表 1-4-1　设备与材料清单

设备或材料名称	数　量	备　注
家庭型红外报警器	1	包括红外报警主机、红外探测器、警笛等设备
网络摄像头	1	包括调试软件
家居网关	1	任务1已安装
路由器	1	任务1已安装
移动终端	1	任务1已安装
工具及耗材	若干	—

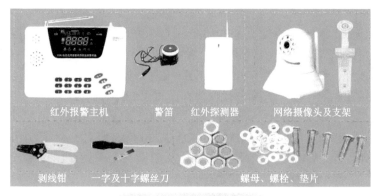

图 1-4-2　工具与设备

任务要求

完成红外报警器与网络摄像头的安装与调试。

完成 APP 与红外报警器的关联操作，实现通过移动终端远程或本地进行设防、解防。

完成 APP 与网络摄像头的关联，实现通过移动终端远程或本地查看监控图像。

开启网络摄像头的 WiFi 访问功能。

遵守电工操作规范，设备安装与布线做到美观牢固。

任务目标

了解红外报警器的组成和网络摄像头的特点。

能安装与调试红外报警器和网络摄像头。

会使用智嵌云控设备及 APP 对红外报警器进行设防、解防，能通过 APP 远程查看监控图像。

知识链接

一、网络摄像头

网络摄像头又称 IP 摄像头，它是传统摄像机与网络视频技术相结合的新一代产品，除了具备传统摄像机所具有的图像捕捉功能外，还内置了数字化压缩控制器和基于 Web 的操作系统，可将视频数据经压缩加密后，通过局域网、Internet 或无线网络送至终端用户。

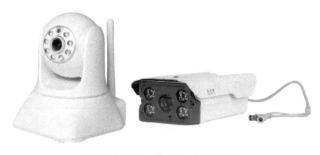

图 1-4-3　几种常见摄像头

而远端用户可在 PC 上使用标准的网络浏览器，根据网络摄像头的 IP 地址，访问网络摄像头，实时监控目标现场的情况，并可实时编辑和存储图像资料，还可以控制云台和镜头，进行全方位监控（图 1-4-3）。

在选购网络摄像头时应注意以下几方面。

（1）视频编码：网络摄像头的视频编码一般有 H264、MPEG4、MJPEG 等类型，H264 优于 MPEG4，MPEG4 优于 MJPEG。

（2）移动侦测：新一代摄像头基本都配备了移动侦测功能，只要监控画面中出现动静，摄像头就会告警，提醒用户注意并做紧急处理。

（3）红外成像：红外成像功能可以实现在夜晚无灯光的情况下进行监控，保证摄像头具备 24 小时监控功能，现在大部分摄像头都配置了红外灯。

（4）无线摄像头：无线摄像头是指不需要网线，插上电源即可使用的摄像头。其采用的无线通信技术有 WiFi、3G（WCDMA、CDMA2000、TD-SCDMA 等）和 4G LTE（FDD 或 TDD）。相对而言，WiFi 的成本是最低的，只要买一个无线路由器即可。而 3G 和 4G 都依赖于运营商的无线通信网络，资费也较为昂贵。

（5）分辨率：分辨率是摄像头的关键性能指标之一，常用的分辨率有 QVGA（320×240，和 CIF 格式相近）、VGA（640×480，和 DI 格式相近）和 720P（1280×720）。QVGA 和 CIF 格式都比较适合于移动网络传输，720P 比较适合于局域网传输。此外，还有更高清的 1080P，高清是摄像头的发展趋势。

（6）云台：云台是用来控制摄像头的方向的，就像人的脖子一样。云台可以确保监控没有死角，但是隐蔽性较差。

二、红外报警器

红外报警器是一种安防产品，可安装在大门、窗户的上方或旁边，当有人接近时，它就会给手机、平板电脑等发送报警信息。红外报警器被广泛应用于家庭、别墅、银行、商场、仓库等地方，是防盗报警的有效装置。

红外报警器分为主动红外报警器和被动红外报警器。主动红外报警器由发射机和接收机组成，发射机由电源、光源和光学系统组成，接收机由光学系统、光电传感器、放大器、信号处理器等部分组成。主动红外报警器是一种红外光束遮挡型报警器，发射机中的红外发光二极管在电源的激发下，发出一束经过调制的红外光束（此光束的波长为 $0.8 \sim 0.95nm$），经过光学系统的作用变成平行光发射出去。此光束被接收机接收，由接收机中的光电传感器把光信号转换成电信号，经过电路处理后传给报警控制器（图 1-4-4 和图 1-4-5）。

被动红外报警器的优点是没有辐射，价格较低，功耗较小，隐蔽性较好。而缺点为容易受各种热源、光线干扰，穿透能力差，人体的红外信号容易被遮挡，较难被探测到，当环境温度与人体温度相近时，探测灵敏度下降，有时会出现失灵等情况。

图 1-4-4　户外型光栅红外报警器及其安装位置　　图 1-4-5　家庭型红外报警器的组成及安装位置

本任务中用到的红外报警器是一种常见的家庭型红外报警器，如图 1-4-6 所示。其中，广角红外探头（又称红外探测器）、无线门磁、遥控器与报警主机之间采用 RF 无线通信方式。

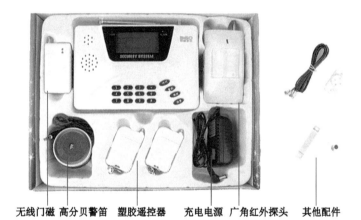

图 1-4-6　本任务采用的家庭型红外报警器

广角红外探头是红外报警器的关键设备，它的探测角度在水平方向达 60°，在垂直方向达 110°，最远探测距离可达 9m，无线通信距离可达 80m（图 1-4-7）。

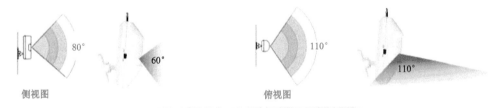

图 1-4-7　广角红外探头的探测角度

任务实施

一、工作任务及分工表

工作任务及分工表见表 1-4-2。

表 1-4-2　工作任务及分工表

工 作 任 务	具体任务描述	具 体 分 工
设备安装	将报警主机、红外探测器、网络摄像头安装在实训架上	
线路连接	为报警主机、红外探测器、网络摄像头通电	
设备调试	在"智嵌云控"APP中创建设防、解防相关界面	
	为设防、解防等相关功能学习编码	
	实现在"智嵌云控"APP中添加摄像头、查看监控视频	
其他	做到安全用电，遵循先测试再通电的原则	
	线路连接符合规范	
	安装过程中保持环境整洁，不乱丢工具、设备、线材	
	安装过程中不大声喧哗，不随意走动	
	安装过程中未出现工具、设备掉落等情况	

二、实施步骤

1. 设备安装与线路连接

步骤 1　通过查看本任务相关知识、观察实训设备及说明书、上网检索等方式，完成以下内容：

（a）家庭型室内红外报警器一般采用广角红外探头，室外一般采用红外 _____ 设备来实现防盗。

（b）本任务使用的红外报警设备由 _____ 、 _____ 、 _____ 和 _____ 等组成，其中红外报警主机和广角红外探头采用 _____ 方式实现通信，高分贝警笛接入 _____ 的警笛接口。

（c）本任务中的红外报警主机支持 _____ 个频道，这意味着 1 个红外报警主机理论上可以接入 99 个 RF315 无线通信探头。红外报警主机支持 _____ 和电话线两种方式进行拨号报警。

步骤 2　将红外报警主机用螺钉固定在实训架上，用螺钉固定好红外探测器的支架并将红外探测器安装在支架上。

步骤 3　将警笛用扎带固定在实训架上，将其线缆插头插入红外报警主机背面的警笛接口（图 1-4-8）。

步骤 4　用螺钉固定好网络摄像头的支架，并将摄像头安装到支架上，然后为摄像头和红外报警主机通电，用网线连接网络摄像头至路由器（图 1-4-9）。

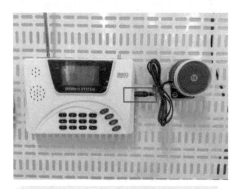

图 1-4-8　安装红外报警主机及警笛

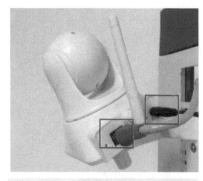

图 1-4-9　安装网络摄像头及连线

2. 调试红外报警器

步骤1　运行"智嵌云控"APP，进入主界面，向右侧滑动，在弹出的菜单中选择"遥控"→"新建遥控"。

步骤2　在新建遥控界面中将遥控开关命名为"安防监控"，类型选择"开关"，设备选择对应的智嵌云控主机。

步骤3　进入按钮界面后，向左滑动，进入按钮编辑模式，分别添加"设防"、"解防"按钮。

步骤4　学习射频码。

（a）单击"设防"按钮，在弹出的菜单中选择"学习"→"学习315M射频码"。

（b）待智嵌云控设备的学习指示灯变成红色后，将红外报警遥控器对准智嵌云控设备，长按遥控器面板上的"设防"按钮，直到智嵌云控设备指示灯熄灭。

（c）"解防"按钮学习操作过程与此相同。

步骤5　通过手机APP测试设防与解防功能。

3. 调试网络摄像头

步骤1　通过观察实训用摄像头及查看说明书，完成以下内容。

（a）网络摄像头背面的几个接口分别是 _____、_____ 和 _____，其中 _____ 用来插入SD存储卡，实现录像视频本地保存。

（b）实训采用的网络摄像头有 _____ 个转动轴，可以实现360°无死角监控，通过摄像头的管理软件可以调整监控方向。

（c）摄像头可以采用网线连接和 _____ 方式接入家庭网络，但在首次运行时须使用网线将摄像头连入家庭网络，开启WiFi后方可采用无线方式访问和管理。

步骤2　在"IPCam"APP中添加网络摄像头。

（a）在移动终端（平板电脑或手机）上安装"IPCam"APP，确保摄像头和移动终端接入同一个局域网。

（b）运行"IPCam"APP，并在APP中单击"+"添加摄像头，可通过扫描条码（条码位于摄像头底部）或局域网搜索方式添加，默认的UID和密码一般均为admin，添加完成后，即可在"IPCam"APP中查看摄像头的监控视频（图1-4-10）。

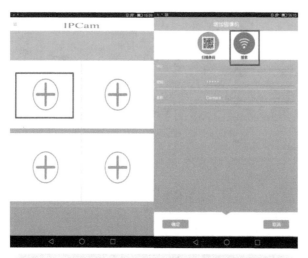

图1-4-10　在"IPCam"APP中添加网络摄像头

步骤3 在"IPCam"APP中单击添加好的摄像头右上方的"⋯"按钮，在打开的界面中单击"设置"按钮，再单击"管理WiFi网络"，然后选择路由器的WiFi名称，输入WiFi密码，这样就开启了摄像头的WiFi访问功能，拔下网线后仍可正常访问摄像头（图1-4-11）。

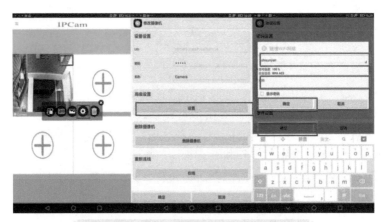

图1-4-11 开启摄像头的WiFi访问功能

步骤4 在"智嵌云控"APP中添加网络摄像头。

（a）运行"智嵌云控"APP，向左滑动，选择"摄像机"。

（b）在打开的界面中选择"新增摄像机"。

（c）在设备设置界面中单击"搜索"找到设备（若找不到设备，可采用扫描条码的方式）。

（d）输入UID和密码（默认为admin）后单击"确定"，成功添加设备后即可看到摄像机的监控图像（图1-4-12）。

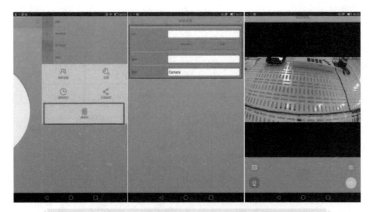

图1-4-12 在"智嵌云控"APP中添加网络摄像头

本项目电子资料包可以扫描二维码查看

智慧社区系统的安装与调试

工作情景 ●●●●●●

士郎与小哀是某智能科技有限公司职员，均毕业于某职业学校物联网专业。士郎在业务部，负责售前需求分析和用户方案设计。小哀在工程部，负责智能产品的安装与调试、售后维护等工作。

某天早会期间，士郎向主管销售部与工程部的张经理汇报：本市山水云端小区现计划投入20万元左右用于智慧社区建设，主要功能包括社区环境自动监测、社区设备智能控制、社区智能停车等。张经理接到信息后高度重视，亲自与士郎到山水云端小区实地考察并与负责人面谈。充分沟通并了解客户需求后，张经理邀请技术部小陈提供技术支持。小哀负责工程安装，张经理要求小哀在安装的过程中做到施工安全、效果美观，尽量不破坏社区原有景观，并与客户保持良好沟通。安装完成后，还要对山水云端小区相关管理人员进行培训。

项目描述 ●●●●●●

🐱 客户沟通

张经理亲自带队到山水云端小区实地考察。张经理、士郎与山水云端小区负责人王先生的对话如下。

士　郎：王先生，您好，我是××智能科技有限公司的售前工程师，这位是我司张经理。

王先生：你们好，欢迎！山水云端小区建设有些年头了，很多管理理念都跟不上潮流了，现在提倡智慧生活，而且小区住户也在管理、安全性与便捷性方面提出了很多建设性意见。经小区业主委员会讨论与投票决定，我们打算将小区改造得舒适、安全、智能一些。功能需求有以下几点，第一，可以监测小区内风速、光照度、PM2.5、温湿度、土壤温湿度等环境信息。第二，提高小区的安全性，包括小区的围墙监控及某些区域的视频监控、电房的安全管理，有人闯入则拉响报警器。第三，实现小区的停车场智能化管理，包括刷卡进入、智能计费等功能。第四，实现对小区内各种设备的控制，如灯、排风扇等。此外，系统必须稳定且安全可靠。不知道你们有哪些社区智能化改造方案？

张经理：确实，社区智能化可以大大提高小区的安全性、便捷性、舒适性，使管理的效率更高、难度更小。我们公司提供的智能化改造方案一般有总线解决方案与无线通信解决方案。相比无线方案，总线解决方案更加稳定及安全。根据你们小区的情况，我建议采用总线解决方案。考虑需要实现的功能，保守预估工程费用在25万元左右。

王先生：业主们的预算在20万元左右，小区的业主很多都是你们的老客户了，希望能优惠点，而且希望施工过程中不破坏小区的景观，尽量少布线。施工工期不要太长，以免影响小区的正常运作。

张经理：好吧，我回去将联合技术部根据你们的预算与需求设计一个合适、经济的方案。我会申请 2～3 万元的优惠，同时希望将你们小区建成示范性项目并推广，您意下如何？

王先生：好的，合作愉快。

方案制订

根据客户的要求，并与技术部小陈研讨后，张经理为山水云端小区制订了智慧社区设计方案，见表 2-0-1。

表 2-0-1　智慧社区设计方案

客户姓名	山水云端小区	电　话	134××××××××	地　址	山水云端小区
资金预算	200000元	设计人	张××	日　期	2017年6月20日

客户情况描述：

山水云端小区面积1平方千米，住户3000人，内设超市、游泳池、停车场等。客户要进行智慧社区建设，提升管理效率、居住安全性和便捷性，要求施工时间短，不影响小区正常运作，并且安装美观，不破坏小区原有景观

客户需求分析：

实现社区环境自动监测、社区视频监控、社区设备智能控制、社区智能停车

总体方案描述：

根据客户的需求、场地实际情况及资金预算，采用智能网关作为主控设备，将环境传感器（风速传感器、光照度传感器、PM2.5传感器、温湿度传感器、人体感应传感器、红外对射传感器、土壤温湿度传感器、RFID读卡器）及执行设备（排风扇、灯、电动锁、报警器）通过网络层设备（数据采集器8AI2DI、数据采集器4DI4DO、ZigBee采集器）与网关相连或直连，以实现环境传感器的数据传输及执行设备的控制。网关通过无线路由器与部署在服务器上的网站进行通信，并将相关数据存储在服务器的数据库中。用户可以通过PC及移动设备访问网站，进行数据浏览、远程控制等操作

设 备 清 单			
类　型	设 备 名 称	数　量	品　牌
硬件	计算机	2	Lenovo
	无线路由器	1	TP-LINK
	物联网网关	1	智嵌
	LED显示屏	1	智嵌
	IP摄像头	1	海康威视
网络层设备	数据采集器8AI2DI	1	智嵌
	数据采集器4DI4DO	1	智嵌
	ZigBee采集器	2	智嵌
传感层设备	风速传感器	1	智嵌
	光照度传感器	1	智嵌
	PM2.5传感器	1	智嵌
	温湿度传感器	1	智嵌
	人体感应传感器	1	智嵌
	土壤温湿度传感器	1	智嵌
	红外对射传感器	1	智嵌
	RFID读卡器	1	捷通

续表

类 型	设 备 名 称	数 量	品 牌
执行设备	排风扇	1	智嵌
	灯	1	智嵌
	电动锁	1	智嵌
	报警器	1	智嵌
工具	工具箱及线缆	若干	其他
软件	智嵌物联网实训系统	1	智嵌

小陈根据设计方案绘制了山水云端智慧社区系统拓扑图，如图 2-0-1 所示。

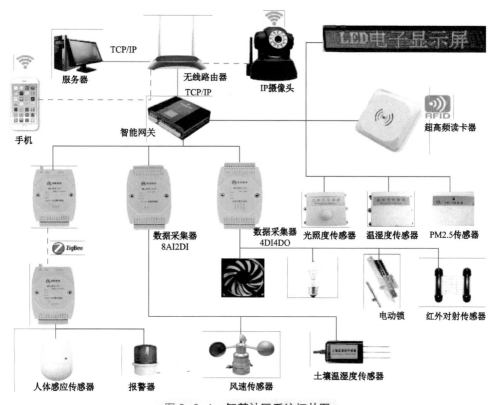

图 2-0-1　智慧社区系统拓扑图

系统的数据流向如图 2-0-2 所示，网关驱动数据采集器（即网络设备）采集所有传感器的数据，并将其显示在网关的 LCD 显示屏及外接的 LED 显示屏上。Web 服务器访问网关获取数据，并将数据写入数据库。Web 服务器为用户提供智慧社区网页服务，以及相关的数据浏览、用户管理、设备控制、车库管理等功能。数据浏览功能是指用户可以在网页端实时查看小区的相关环境信息，还可以查询相关的历史数据。设备控制功能是指网页端接收用户的输入，把控制指令发给网关，网关根据指令控制网络设备的继电器，进而控制执行设备的开关。车库管理功能是指在网页端进行发卡管理，将用户的卡号经网页输入后写入数据库，车辆进入小区必须先刷卡，Web 服务器开启 RFID 服务，查询数据库中是否有此车辆,如果有,则下发开门指令,打开阀门,以便车辆进入小区,同时记录进入时间并开始计费;当车辆离开小区时,刷卡打开阀门,记录离开时间并结束计费。所有的进出记录都被写入数据库,管理员可以登录网站进行查询。用户管理功能是指管理员能在网页上添加或删除相关用户。

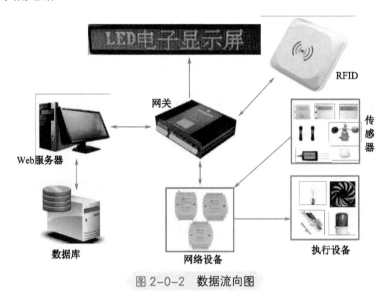

图 2-0-2 数据流向图

同时,小陈根据山水云端小区的模型,绘制了安装示意图,如图 2-0-3 所示。

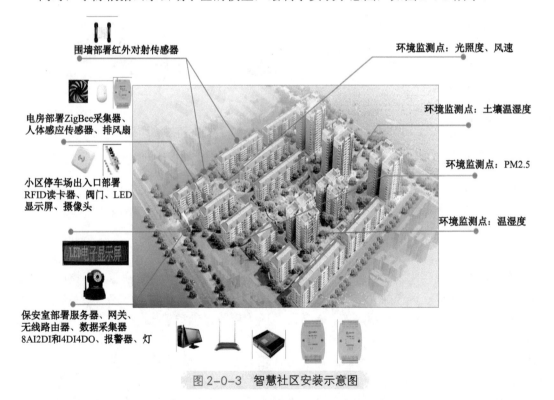

图 2-0-3 智慧社区安装示意图

红外对射传感器部署在围墙上,以防止小偷或陌生人进入。电房部署了人体感应传感器,以避免无关人员靠近电房引起不必要的安全问题。小区停车场出入口部署了 RFID 读卡器、阀门、LED 显示屏、摄像头。保安室部署了服务器、无线路由器、数据采集器、报警器和灯，以确保这些核心设备的安全性，以及保安人员能第一时间获取警报信息。

为了方便施工，小陈还绘制了详细的智慧社区连接图，如图 2-0-4 所示。

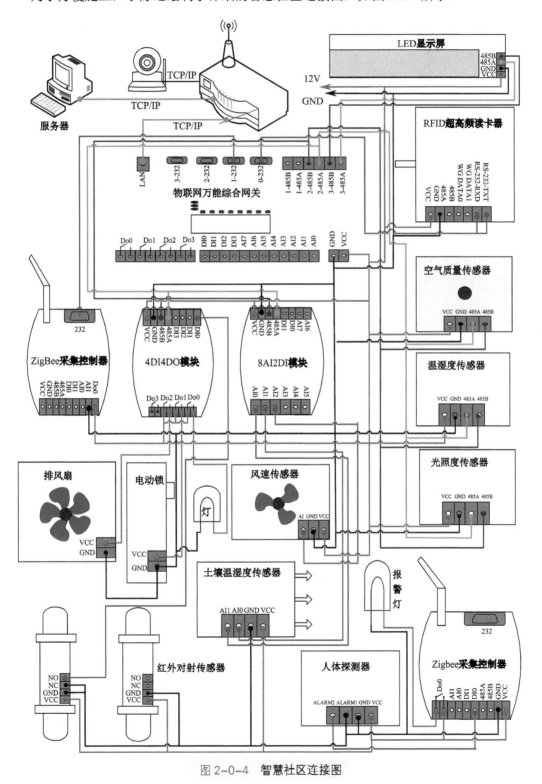

图 2-0-4 智慧社区连接图

（1）传感层设备的连接

传感层设备按照表 2-0-2 进行连接，接线时应做到标准、规范、工整、美观。

表 2-0-2　传感层设备连接端口号

设 备 名 称	接 入 设 备	接入设备端口号
RFID读卡器	物联网网关	RS-232 0
温湿度传感器	物联网网关	RS-485 2
PM2.5传感器	物联网网关	RS-485 2
光照度传感器	物联网网关	RS-485 2
土壤温湿度传感器	数据采集器8AI2DI	AI 0，AI 1
风速传感器	数据采集器8AI2DI	AI 2
红外对射传感器	数据采集器4DI4DO	DI 0
人体感应传感器	ZigBee采集器	DI 0

（2）网络层设备的连接

网络层设备按表 2-0-3 进行连接，接线时应做到标准、规范、工整、美观。

表 2-0-3　网络层设备连接端口号

设 备 名 称	接 入 设 备	接入设备端口号
ZigBee采集器	物联网网关	RS-232 1
数据采集器8AI2DI	物联网网关	RS-485 1
数据采集器4DI4DO	物联网网关	RS-485 1
物联网网关	无线路由器	LAN 1

（3）执行设备的连接

执行设备按表 2-0-4 进行连接，接线时应做到标准、规范、工整、美观。

表 2-0-4　执行设备连接端口号

设 备 名 称	接 入 设 备	接入设备端口号
灯	数据采集器4DI4DO	DO 0
电动锁	数据采集器4DI4DO	DO 1
排风扇	数据采集器4DI4DO	DO 2
报警器	ZigBee采集器	DO 0
LED显示屏	物联网网关	RS-485 3

3. 派工分配

小陈将设计方案及图纸转交给了工程部，工程部经理制作了派工单（表 2-0-5），并将任务转给小哀具体负责实施。

表 2-0-5 派工单

客户名称	山水云端小区	联系人	王先生	联系电话	134××××××××
施工地点	山水云端小区	派出工程师	小衷	派工时间	2017-6-25
工作内容	智慧社区设备安装与调试、RFID读卡器与ZigBee采集器配置、数据库配置、IIS及监测管理软件配置				
工作要求	严格按照安装、连线、测试、调试的步骤实施，保证设备运行正常、稳定 施工规范，操作安全，布线合理、美观、牢固 施工完成后，向客户介绍设备的使用方法 展示良好的公司形象，做到服务热情，与客户保持良好沟通，确保客户满意				
注意事项	安装设备时应提前与山水云端小区协商，以免损坏小区设备或破坏小区景观				
预计工时	8工时	开工时间		实际完工时间	
客户填写部分					
效果评价					
验收结果			客户签字		

小衷接到派工单后，将任务具体分解如下。

任务 1：智慧社区设备安装、连线与调试。

任务 2：RFID 读卡器与 ZigBee 采集器配置。

任务 3：数据库配置。

任务 4：IIS 及监测管理软件配置。

任务 1 智慧社区设备安装、连线与调试

任务描述

根据项目方案与安装示意图，对所有设备进行安装、连线，确保连线正确后进行通电调试。

任务要求

完成所有设备的安装、固定与连线。

确保所有设备连线无误，能够通电调试，设备之间能正常通信。

遵守电工操作规范，设备安装与布线做到美观牢固，横平竖直。

任务目标

了解智慧社区的概念与发展现状，树立大国科技自信。

掌握智慧社区系统中网关、网络设备、执行设备、传感器的电气连接与使用。

会安装智慧社区系统。

知识链接

一、智慧社区

1. 概述

社区是承载社会人口的基本单元，是城市发展的重要标志。近年来，社区逐步走向智能化，但由于各种原因，社区建设中还存在很多问题，如技术与产品缺乏开放性、兼容性与互连性，统一的技术标准尚未形成，产品功能单一，且不具备感知功能。物联网能够解决社区建设中所存在的这些问题，为智慧社区提供技术支撑。物联网是实现物物相连的网络，借助于物联网，任何物品和物品之间能完成信息交换与通信，能提供更加全面、丰富的信息，实现智能化控制与决策。物联网为实现全面感知、互连互通、开放兼容的智慧社区奠定了良好的基础，智慧社区已经成为未来社区发展的重要方向。智慧社区是利用物联网、传感网等技术，将小区物业管理、安防、智能停车场、图书馆、医疗等系统集成在一起，并通过通信网络连接到物业管理处，为小区住户提供安全、舒适、便捷的现代生活环境，从而形成基于大规模信息智能处理的一种新的管理形态社区。图 2-1-1 是智慧社区示意图，图 2-1-2 是智慧社区功能图。

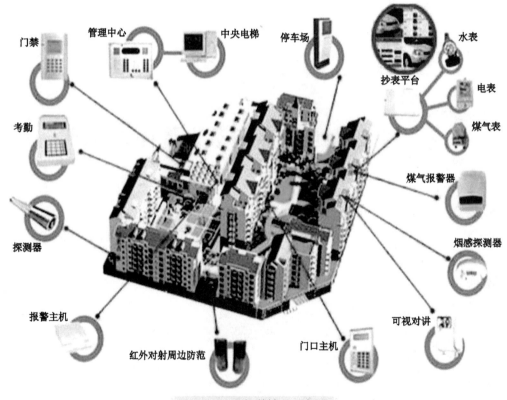

图 2-1-1　智慧社区示意图

2. 智能家居的发展现状

（1）物联网技术在社区应用还较少，智慧应用处于初级阶段

近年来，充分融合了物联网技术与传统信息技术的智慧社区解决方案逐渐出现，并在

一些发达地区实施。大量结合物联网技术的社区应用还处于方案或试运行阶段，物联网应用需求的挖掘还不充分，智慧社区的发展还处于初级阶段。

图 2-1-2　智慧社区功能图

（2）智慧社区应用主要集中在大城市的主要社区

智慧城市建设如火如荼，智慧社区成为智慧城市的重要建设内容，但智慧社区本身代表了一种较现代的生活方式，受建设成本和消费水平影响较大。因此，智慧社区的发展还很不平衡。深圳、上海、广州、北京等沿海城市、直辖市和省级中心城市发展较快，智慧社区主要集中在这些大城市的主要社区。

例如，2011 年 6 月，上海投资 3000 万元建设的首个智慧社区——浦东金桥碧云一期改造完成，实现了智能家庭信息终端、金桥碧云卡、社区信息门户网站、云计算中心四大基础项目。通过智能家庭信息终端（碧云大管家），实现了公共服务信息查询、优惠信息显示、服务预订等功能。通过金桥碧云卡绑定商家或社区服务机构的各类信息，可直接进行相关费用缴纳、预订、享受个性化服务。社区信息门户网站是居民查看社区内各类信息的互联网窗口，主要功能与"碧云大管家"相对应。同时，基于网站的互动及宣传功能，可将服务辐射至所有人群。云计算中心是整个项目的大脑，因为所有子项目的数据都通过云计算中心进行交换、处理、存储及查询。另外，智能交通（一期）采用了红绿灯违章率监控管理系统。智能环保（一期）实现了对现有垃圾桶的改造，当垃圾桶内的物品达到一定程度时（如 90%），会自动将相关信息传送到相关管理部门。智能停车场（完成试点工作）通过对停车场管理专利技术的应用，实现了社区内停车场查找、停车位信息查询、停车位精确指引等功能。

（3）智慧社区建设标准与规划缺乏

建设部住宅产业化办公室早在 1999 年 12 月就出台了《全国住宅小区智能化系统示范工程建设要点与技术导则》，由于该导则和 2000 年出台的 GB 50314—2000《智能建筑设计标准》中，都没有详细规定每个系统的设计及施工规范，实施过程中往往只能参照各相关系统的有关标准执行，有的甚至是凭感觉，因而导致工程设计、施工安装、设备选型的随意性较大。另外，系统建成后缺乏相应的验收、测试标准，也没有相关部门组织验收，所以目前亟须出台针对智慧社区的此类技术规范。各厂家相同产品的兼容性、互换性、开放性差，造成住户家中设备种类很多，管理和维护也非常困难，给未来系统的集成与数据共享带来了很大困难。

二、智慧社区设备

1. 智能网关

智能网关是物联网中的一个关键设备，具有组建网络、协议转换、信息汇集与控制等功能。它能使传感器、执行终端、安防设备等各种设备互连互通，能够实现传感器数据的采集、处理、传递，以及远程控制执行终端等功能。智能网关如图 2-1-3 所示。

图 2-1-3　智能网关

无线网关提供了 8 路模拟量输入端口、4 路内部继电器端口、4 路数字量输入端口、4 路 RS-232 和 3 路 RS-485 通信端口，如图 2-1-4 和图 2-1-5 所示。这些端口可以与多种传感器、控制设备、PLC 等进行连接。无线网关还提供了 1 路 10/100M 以太网端口、1 路 WiFi 网络端口和 1 路 GPRS 网络端口，可以根据不同的网络环境，选择不同的通信方式组网通信。

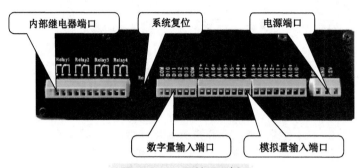

图 2-1-4 网关后面板

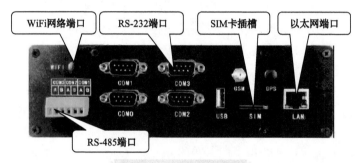

图 2-1-5 网关前面板

内部继电器端口：主要用来对外部设备进行通断控制，实现输入与输出电路的隔离。

数字量输入端口（DI）：可以输入数字信号，如触发类设备红外对射传感器、人体感应传感器的输入端口。

模拟量输入端口（AI）：可以输入模拟信号，可接入一些输出模拟电压、电流量的设备，如风速传感器、温湿度传感器、土壤温湿度传感器等。采集到的模拟信号经 AD 转换器转换成数字信号供网关使用。

2. 网络层设备

网络层设备包括数据采集器 8AI2DI、4DI4DO 及 ZigBee 采集器，如图 2-1-6 所示。

网络层设备主要具备连网、数据采集与继电器控制功能。8AI2DI 具有 8 路模拟量输入端口（AI）、2 路数字量输入端口（DI）。4DI4DO 具有 4 路数字量输入端口（DI）、4 路数字量输出端口（DO）。ZigBee 采集器具有 2 路模拟量输入端口（AI）、2 路数字量输入端口（DI）、1 路数字量输出端口（DO）。

网关通过 RS-485 协议与 8AI2DI、4DI4DO 通信，通过 RS-232 协议与 ZigBee 采集器通信，从而实现对接在网络层设备上的传感器数据的采集与设备的控制。

图 2-1-6 网络层设备

AI 用来连接输出模拟量的传感器，如温度、湿度等数据，采集器将采集到的模拟量转变成数字量，然后才进行其他处理。

DI 用来连接输出数字量的传感器，如一些智能传感器，直接输出一连串的数字信号来表达一个数据值，这类智能传感器本身带有 MCU，具备一定的数据处理能力，通常会采用串行通信 SPI、IIC 或单总线等协议总线传输数据。本项目中所采用的温湿度、光照度、PM2.5 传感器就属此类。此外，还有更为简单的数字式传感器，直接输出开关量 0 与 1 来表示两种状态。本项目中所采用的人体感应传感器、红外对射传感器均属此类。

DO 内接了继电器，可以控制执行设备。此类设备都较为简单，有正负极，主要通过继电器的通断来形成完整的通路。本项目中所采用的电动锁、灯、报警器、排风扇均属执行设备。

3. 传感层设备

按端口类型划分，传感层设备可以分为串行通信传感器（输出一连串数字信号）、开关量传感器（输出 0 或 1 两种数字信号）、模拟传感器（输出模拟信号）这几种。

（1）串行通信传感器

这类传感器包括光照度、PM2.5、温湿度传感器与 RFID 读卡器，如图 2-1-7 和图 2-1-8 所示。

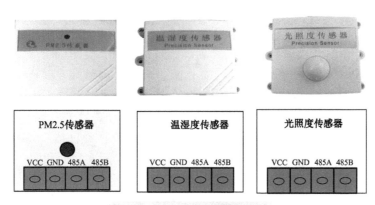

图 2-1-7　串行通信传感器

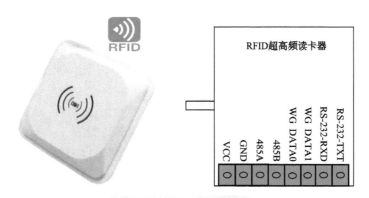

图 2-1-8　RFID 读卡器

图 2-1-7 中的串行通信传感器具有 4 个端口，VCC 接 12V 电源，GND 接地，485A、485B 是 RS-485 总线，可接在网关或网络层设备的 RS-485 端口上。

由图 2-1-8 可知，RFID 读卡器上的 VCC 接 12V 电源，GND 接地。它还具有三种类型的外接端口：RS-485、RS-232，以及 WG DATA0 与 WG DATA1。本项目中使用 RS-232 通信方式（须设置 RFID 相关通信参数），将其接到网关的 RS-232 端口上。

（2）模拟传感器

这类传感器包括风速、土壤温湿度传感器，如图 2-1-9 所示。

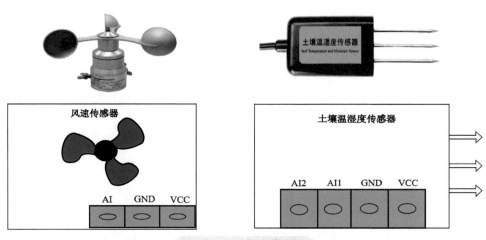

图 2-1-9　模拟传感器

由图 2-1-9 可知，模拟传感器具有 VCC 电源端、GND 接地端，以及模拟信号输出端。其可以接到网关及网络层设备的 AI 端口上，实现数据采集。

（3）开关量传感器

这类传感器包括红外对射、人体感应传感器，如图 2-1-10 和图 2-1-11 所示。

人体感应传感器具有电源端（VCC）、接地端（GND）、报警端（ALARM）和防拆端（TAMPER）。当检测到人时，ALARM 的两个端口处于短路状态，否则处于断路状态；将外壳拆开时，TAMPER 的两个端口处于短路状态，合上则处于断路状态。因此，可将 ALARM、TAMPER 一端接地，另一端接到相关设备的 DI 端口上。当检测到人时，ALARM 两端短路相当于接地，输出 0；检测到外壳拆开时，

图 2-1-10　人体感应传感器

TAMPER 两端短路相当于接地，输出 0。如果将 ALARM、TAMPER 一端接电源，另一端接到相关设备的 DI 端口上，那么当检测到人时，ALARM 两端短路相当于接电源，输出 1；检测到外壳拆开时，TAMPER 两端短路相当于接电源，输出 1。

红外对射传感器包含受光器与投光器两部分。受光器具有 8 个端口，投光器具有 5 个端口。

端口 +：电源端（12V）。

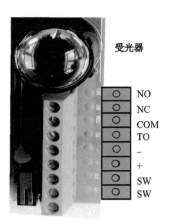
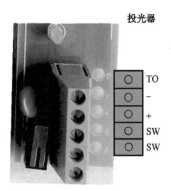

图 2-1-11 红外对射传感器

端口 - ：接地端（GND）。

端口 SW：防拆端，可以防止破坏，本项目中未使用。

端口 TO：同步端，一般情况下可以不接。在恶劣环境下，连接同步线可以提高抗外界干扰能力。

端口 COM：公共端，接地或接电源。

端口 NO：常开端。

端口 NC：常闭端。

在未触发的情况下，NC 与 COM 相连接；在触发的情况下，NO 与 COM 相连接。

4. 执行设备

执行设备包括排风扇、灯、电动锁、报警器，如图 2-1-12 所示。执行设备具有正负极，由 12V 直流电源供电，接到 DO 端口即可实现通断。

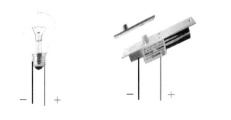

图 2-1-12 执行设备

5. LED 显示屏

LED 显示屏如图 2-1-13 所示，LED 显示屏具有 VCC 电源端与 GND 接地端，采用 220V 市电供电，数据通过 RS-485 协议总线进行传输。本项目中将其接在网关的 RS-485 端口上。

任务实施

一、工作任务与分工表

工作任务与分工表见表 2-1-1。

图 2-1-13 LED 显示屏

表 2-1-1　工作任务与分工表

工 作 任 务	具体任务描述	具 体 分 工
设备安装	将无线路由器、智能网关、网络层设备、传感层设备、执行设备、LED显示屏等智慧社区设备，按照安装位置图固定在实训架的指定位置上，要求安装稳固、美观大方 通过自主学习完成任务中的练习题	
线路连接	正确连接智能网关、无线路由器、LED显示屏、RFID读卡器、PM2.5传感器、光照度传感器、温湿度传感器、网络层设备等的线路 正确连接ZigBee采集器与人体感应传感器、报警器的线路 正确连接数据采集器8AI2DI与风速传感器、土壤温湿度传感器的线路 正确连接数据采集器4DI4DO与红外对射传感器、排风扇、电动锁、灯的线路 所有线路连接正确，不存在短路、断路的情况，安装顺利，布置恰当 正确连接路由器、电脑、移动终端等设备 通过自主学习完成任务中的练习题	
网络搭建	进入路由器设置界面，正确设置，使路由器可以接入Internet。设置路由器的WiFi，使移动设备可以接入路由器 通过自主学习完成任务中的练习题	
设备调试	上传网关代码	
其他	做到安全用电，遵循先测试再通电的原则 线路连接符合规范 安装过程中保持环境整洁，不乱丢工具、设备、线材 安装过程中不大声喧哗，不随意走动 安装过程中未出现工具、设备掉落等情况	

二、实施步骤

1. 设备安装

步骤1　将所有的设备按照图 2-1-14，安装到实训工位上，图中所有尺寸单位均为 mm（毫米）。

安装工艺要求如下。

（a）布线美观大方，横平竖直。

（b）所有线缆都应放入线槽中，若个别设备已连接好的线缆因长度或其他原因不能放入线槽中，应在水平、垂直方向用扎带固定在施工作业面上，扎带间距为 120 ~ 160mm，扎带线头须剪掉。

（c）所有线槽、部件安装位置要符合安装位置图要求，上下左右不能偏移超过 5mm。

（d）线槽安装要固定平整，不能松动。线槽两端不大于 50mm 处应有螺钉固定，中部螺钉固定点之间的距离应为 400 ~ 600mm。线槽须完全盖住，没有翘起和未完全盖住现象。线槽转 90° 时，无论是底槽还是盖板，都应切 45° 斜口，且拼接缝隙不能超过 2mm。

（e）电源线用红、黑线缆，相同类型的信号线用同种颜色的线缆。

（f）所有线缆都要用冷接端子压制，线缆铜芯不能裸露，应连接牢固，不能松动；接线端引出线应排列整齐，不能交叉进槽。

（g）所有线缆须用 E 型管标识并套接，要求排列整齐，标识面朝外。

（h）所有螺栓、螺母连接处均须安装垫片。

（i）施工结束后须将工位整理干净。

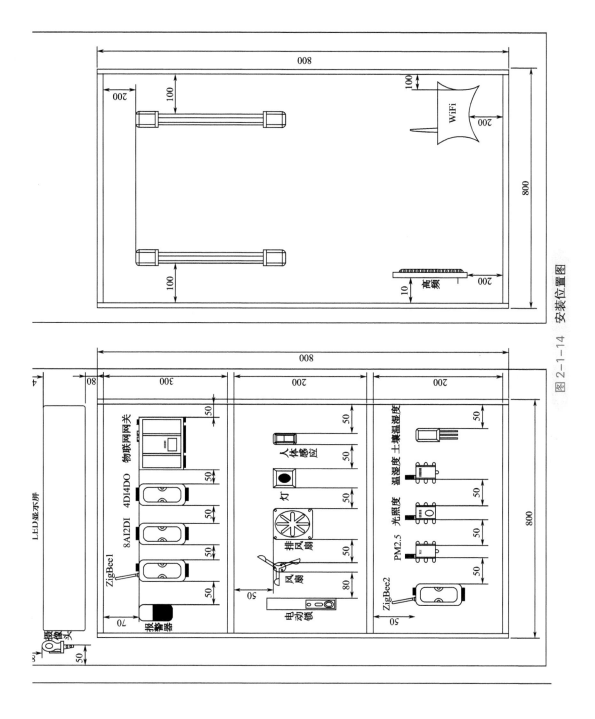

图 2-1-14 安装位置图

步骤2 根据安装位置图制作与安装三根 25mm×25mm×2m 的线槽。

步骤3 按照 T568B 标准制作一条网线。

2. 连线

步骤1 网关与 LED 显示屏、RFID 读卡器、PM2.5 传感器、光照度传感器、温湿度传感器、网络层设备连线（表 2-1-2）。

表 2-1-2　与网关相连设备所接端口号

设 备 名 称	接 入 设 备	接入设备端口号
ZigBee采集器	物联网网关	RS-232 1
数据采集器8AI2DI	物联网网关	RS-485 1
数据采集器4DI4DO	物联网网关	RS-485 1
PM2.5传感器	物联网网关	RS-485 2
光照度传感器	物联网网关	RS-485 2
温湿度传感器	物联网网关	RS-485 2
LED显示屏	物联网网关	RS-485 3
RFID读卡器	物联网网关	RS-232 0

表 2-1-2 中所列设备是直接与网关相连的设备，其中除了 LED 显示屏使用 220V 交流电外，其余的设备均使用 12V 直流电。RS-485 端口使用 485A 与 485B 两条线。而 COM0 与 COM1 使用 RS-232 端口，使用串口线直接相连。详细的连线图如图 2-1-15 所示。

步骤2 网络层设备与部分传感层设备、执行设备连线。

（a）ZigBee 采集器与人体感应传感器、报警器的连接见表 2-1-3。

表 2-1-3　与 ZigBee 采集器相连设备所接端口号

设 备 名 称	接 入 设 备	接入设备端口号
报警器	ZigBee采集器	DO 0
人体感应传感器	ZigBee采集器	DI 0

人体感应传感器的工作原理前文已介绍，人体感应传感器应从内部引出线来，如图 2-1-16 所示。在本项目中，防拆端（TAMPER）未使用。在正常情况下，即没有检测到人的情况下，ALARM 的两个端口处于断路状态，即不接通。当人体感应传感器检测到人时，ALARM 的两个端口处于短路状态，即接通。因此，可以将 ALARM 一端接地或电源，给它一个确定的 0 或 1 信号。当检测到人时，会将这个确定的信号传递到 ZigBee 采集器的 DI 端口，由 ZigBee 采集器采集此信号。

（b）8AI2DI 与风速传感器、土壤温湿度传感器的连接。风速传感器、土壤温湿度传感器属于模拟传感器，输出摸拟量，它们的接入端口号见表 2-1-4。连线图如图 2-1-17 所示。

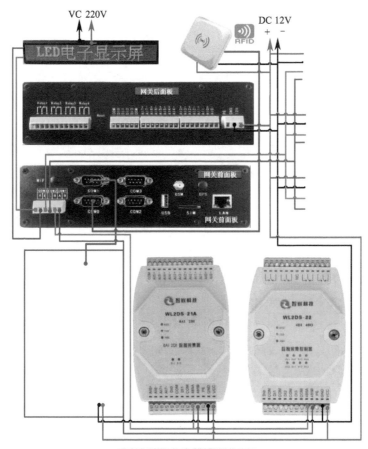

图 2-1-15　网关连线图

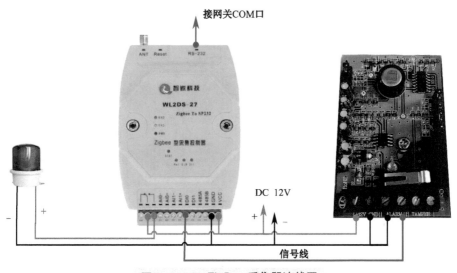

图 2-1-16　ZigBee 采集器连线图

表 2-1-4　与 8AI2DI 相连设备所接端口号

设 备 名 称	接 入 设 备	接入设备端口号
土壤温湿度传感器	数据采集器8AI2DI	AI 0，AI 1
风速传感器	数据采集器8AI2DI	AI 2

（c）4DI4DO 与执行设备（灯、排风扇、电动锁）及红外对射传感器的连接。

灯、电动锁、排风扇属于执行设备，与由 4DI4DO 控制的继电器（DO）相连，继电器的通断对应执行设备的打开与关闭。它们的接入端口号见表 2-1-5。红外对射传感器属于开关量传感器，与人体感应传感器属于同一类型。其实物图与连接图如图 2-1-18 所示，受光器与投光器的 VCC、GND、TO 端相连，COM 是主机防区公共端，一般与 GND 相连，NC 则为主机防区输出端。

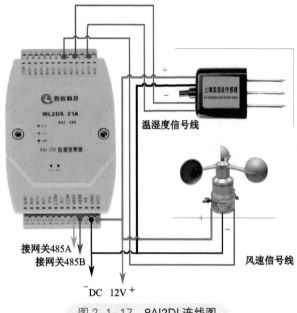

图 2-1-17　8AI2DI 连线图

表 2-1-5　与 4DI4DO 相连设备所接端口号

设 备 名 称	接 入 设 备	接入设备端口号
灯	数据采集器4DI4DO	DO 0
电动锁	数据采集器4DI4DO	DO 1
排风扇	数据采集器4DI4DO	DO 2
红外对射传感器	数据采集器4DI4DO	DI 0

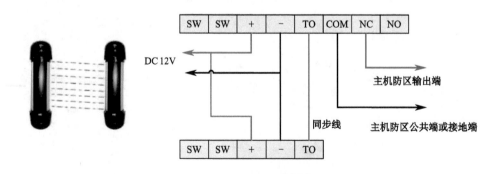

（a）实物图　　　　　　　　　　（b）连接图

图 2-1-18　红外对射传感器实物图与连接图

对于执行设备的连接，首先要介绍一下继电器的工作原理。如图 2-1-19 所示，此继电器的 4 脚和 5 脚是线圈，1 脚和 2 脚构成常闭开关，1 脚和 3 脚构成常开开关。当继电器的 4 脚和 5 脚接电，有电流流过时，线圈就会产生磁力，把开关片吸下来。这时 1 脚和 3 脚连通，1 脚和 2 脚断开。

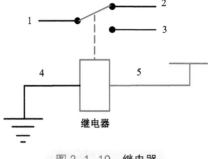

图 2-1-19　继电器

4DI4DO 连接图如图 2-1-20 所示，COM 与 GND 相接。当没人闯入时，NC 输出高电平 1；当检测到有人闯入，阻挡投光器与受光器的红外通信时，NC 与 GND 导通输出低电平 0，从而实现红外对射传感器防止外物入侵的功能。

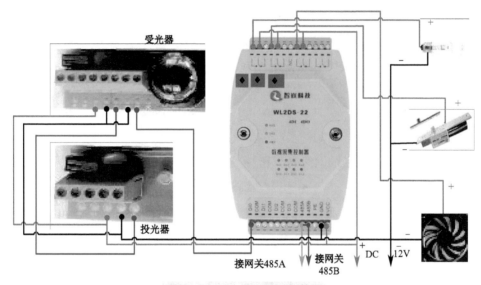

图 2-1-20　4DI4DO 连接图

在图 2-1-20 中，以 4DI4DO 左上角第一个继电器为例，1 脚与 2 脚构成常闭开关，2 脚与 3 脚构成常开开关。因此，2 脚接 VCC，3 脚接执行设备的正极，执行设备的负极接地，当控制继电器的线圈时，2 脚与 3 脚闭合接通，使执行设备接通电源形成一个通路，产生动作。

3. 网络搭建

步骤 1　设备固定与连线。

（a）将网关与路由器固定在实训墙上，为两个设备接通电源。

（b）用一条网线连接网关的网络接口和路由器的 LAN 口。

（c）用一条网线连接路由器的 WAN 口和接入 Internet 的网络设备接口。

（d）用一条网线连接路由器的 LAN 口和服务器。具体连线图如图 2-1-21 所示。

步骤 2　路由器设置。

路由器设置可参考项目 1，路由器参数配置见表 2-1-6。

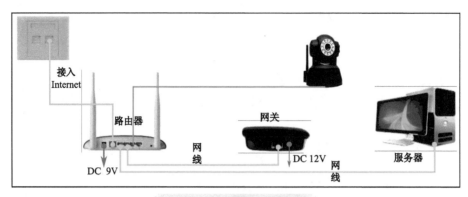

图 2-1-21　网络连线示意图

表 2-1-6　路由器参数配置

序　号	项　目	参　数
1	无线网络名（SSID）	WLW+工位号，采用802.11b/g/n mixed协议
2	无线路由器IP地址	192.168.0.1
3	DHCP服务器	地址池设置为192.168.0.2～192.168.0.100
4	无线加密方式、网络密钥	激活WPA2PSK加密模式，密码类型为AES，密钥自行设置

然后按表 2-1-7 修改设备的网络名称和 IP 地址。

表 2-1-7　网络参数配置

序　号	设备名称	配置内容
1	服务器	IP地址：192.168.0.100 网络设备名称：WLWPC1
2	网络摄像头	IP地址：192.168.0.20（通过WiFi连接） 网络设备名称：WLWCamer1
3	移动终端	IP地址：192.168.0.21
4	网关	IP地址：192.168.0.80 端口号：8000

步骤 3　网关配置。

（1）网关上传、下载功能的设置

由于无线网关配置脚本程序是采用 Lua 脚本语言编写的，所以在设计无线网关配置脚本程序前，必须先了解和认识无线网关配置脚本程序的编译环境和代码编辑器。智嵌公司将 5.3.1 版本的 Lua 源代码根据需要裁减后，将其编译嵌入无线网关硬件中，建立了无线网关配置脚本程序的编译环境；同时，为方便用户编写无线网关配置脚本程序，智嵌公司将 Notepad++ 的源代码修改编译后生成了定制版的代码编辑器，即综合网关配置器。这里主要介绍网关的上传、下载两个常用功能。启动综合网关配置器，工作界面如图 2-1-22 所示。

（a）上传配置到本地。使用快捷键 Ctrl+F6 或选择菜单栏中的"运行"→"上传配置到本地"，如图 2-1-23 所示。

在弹出的上传配置对话框中输入网关 IP：192.168.0.80，如图 2-1-24 所示。

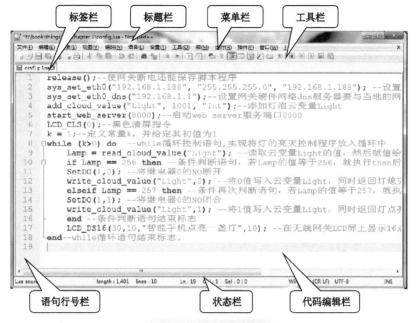

图 2-1-22　工作界面

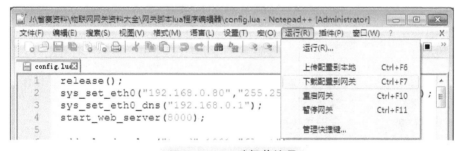

图 2-1-23　选择菜单项

图 2-1-24　上传配置对话框

（b）下载配置到网关。使用快捷键 Ctrl+F6 或选择菜单栏中的"运行"→"下载配置到网关"，弹出图 2-1-25 所示的对话框，提示下载配置成功。

图 2-1-25　下载配置对话框

暂停或重启网关只要按提示操作即可。

（2）修改网关配置。

网关、服务器处于同一个局域网中，必须保证它们的 IP 地址处于同一网段内。网关 IP 默认为 192.168.1.80、255.255.255.0、192.168.1.1，与本项目中无线路由器的配置不一致，应修改网关的网络配置为 192.168.0.80、255.255.255.0、192.168.0.1。当然，另外一种方式就是修改无线路由器的 IP 为 192.168.0.1，使之与网关匹配。这里采用修改网关配置的方式。

（a）用网线将 PC 与网关直接相连。将 PC 的 IP 修改为 192.168.1.70。

（b）先上传配置到本地，输入网关 IP：192.168.1.80，再修改配置信息，如图 2-1-26 所示，编写网关代码并下载到网关。

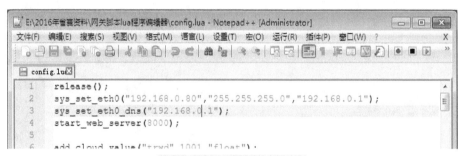

图 2-1-26　修改网络配置

（c）下载成功后，网关的 IP 由原来的 192.168.1.80 变为 192.168.0.80。将 PC 与网关通过网线接到已经配置好的无线路由器上，将 PC 的网络配置修改为自动获取 IP，无线路由器将分配地址池中的地址给它。此时，PC 与网关处于同一网段内。若要修改 Lua 代码，直接上传到本地，然后修改好再下载即可。

（d）请参考项目 1 完成摄像头的配置，并将步骤记录下来。

步骤 4　功能测试。

（a）观察网关 LCD 显示屏，其上会显示一定格式的信息，见表 2-1-8。

表 2-1-8　LCD 显示屏显示信息

山水云端智慧社区系统	
温度：×××℃	风速：×××m/s
湿度：×××RH%	报警器：关 / 开
土壤温度：×××℃	电动锁：关 / 开
土壤湿度：×××RH%	排风扇：关 / 开
光照度：×××lx	人体探测：有人 / 无人
PM2.5：×××	红外对射：有人 / 无人

（b）确保信息的准确性。

步骤 5　自主学习完成以下习题。

（a）DO 口是 GPIO 口内接继电器，以 GPIO 输出高、低电平来控制继电器的通断。高电平的输出电压范围是 _____，低电平的输出电压范围是 _____。_____ 电平控制继电器接通。

（b）RS-485 支持挂载多个从设备，从设备之间是如何区分的？

（c）RS-232 与 RS-485 都属于串行通信类协议，它们之间有何差别？

（d）根据输出信号类型可以将传感器划分为模拟传感器与数字传感器。指出以下传感器属于何种类型：风速传感器、光照度传感器、PM2.5 传感器、土壤温湿度传感器、温湿度传感器、红外对射传感器、人体感应传感器。

任务 2 RFID 读卡器与 ZigBee 采集器配置

任务描述

本任务的主要内容是为 RFID 读卡器和 ZigBee 采集器配置相关的通信参数，使它们能够准确读取数据。

本任务要用到的软硬件资源见表 2-2-1。

表 2-2-1 资源列表

资 源 名 称	数 量	备 注
RFID配置软件	1	—
超高频卡	1	—
ZigBee配置软件	1	—
ZigBee采集器	2	—

任务要求

完成 RFID 读写器的参数配置，使用 RFID 读写器进行相关的读写与发卡操作。

完成 ZigBee 设备的参数配置，使用 ZigBee 设备进行无线组网并传输数据。

设备连接遵守电气规范，操作恰当，不影响人身安全，不损坏设备，保证工作有序进行。

任务目标

了解 RFID 和 ZigBee 通信技术。

会配置 RFID 和 ZigBee 的通信参数。

能使用 RFID 读卡器、ZigBee 采集器进行数据采集。

知识链接

射频标签又称 RFID 标签，是产品电子代码（EPC）的物理载体，将其附着于被跟踪的物品上，可全球流通，通过无线电信号识别特定目标并读写相关数据，而无须在系统与特定目标之间建立机械或者光学接触。美国国防部规定，2005 年 1 月 1 日以后，所有军需物资都要使用 RFID 标签。RFID 技术要实现大规模应用，一方面要降低 RFID 标签价格，另一方面要看应用之后能否带来增值服务。欧盟统计办公室的统计数据表明，2010 年，欧盟有 3% 的公司应用 RFID 技术，主要用于身份证件和门禁控制、供应链和库存跟踪、汽车收费、防盗、生产控制和资产管理。

一、产品组成

RFID 产品由应答器、阅读器、应用软件系统三部分组成。

应答器：由天线、耦合元件及芯片组成，一般来说都是用标签作为应答器，每个标签具有唯一的电子编码，附着在物体上以标识目标对象。

阅读器：由天线、耦合元件、芯片组成，是读取（有时还可以写入）标签信息的设备，可设计为手持式 RFID 读卡器或固定式读卡器。

应用软件系统：是应用层软件，主要是对收集的数据做进一步处理，供人们使用。

二、产品类别

RFID 产品可大致分为三大类：无源 RFID 产品、有源 RFID 产品、半有源 RFID 产品。

无源 RFID 产品发展最早，也是最成熟、市场应用最广的产品，如公交卡、食堂餐卡、银行卡、宾馆门禁卡、二代身份证等，这些产品在人们的日常生活中随处可见，属于近距离接触式识别类。其主要工作频率有低频 125kHz、高频 13.56MHz、超高频 433MHz 及 915MHz。

有源 RFID 产品是最近几年慢慢发展起来的，其远距离自动识别的特性决定了其巨大的应用空间和市场潜质。其在远距离自动识别领域有重大应用，如智能监狱、智能医院、智能停车场、智能交通、智慧城市、智慧地球及物联网等领域。有源 RFID 产品属于远距离自动识别类，主要工作频率有超高频 433MHz，微波 2.45GHz 和 5.8GHz。

半有源 RFID 产品结合了有源 RFID 产品及无源 RFID 产品的优势，在低频 125kHz 的触发下，让微波 2.45GHz 发挥优势。半有源 RFID 技术也称低频激活触发技术，利用低频近距离精确定位，利用微波远距离识别和上传数据，从而实现单纯的有源 RFID 和无源 RFID 技术没有办法实现的功能。

三、技术优势

RFID 技术是一项易于操控、简单实用且特别适用于自动化控制的灵活性技术。短距离射频产品不怕油渍、灰尘污染等恶劣环境，可以替代条码，如用在工厂的流水线上跟踪物体；长距离射频产品多用于交通领域，识别距离可达几十米，如自动收费或识别车辆身份等。射频识别技术主要有以下几个方面的优势。

（1）读取方便快捷。数据的读取不需要光源，甚至可以透过外包装来进行。有效识别距离大，采用自带电池的主动标签时，有效识别距离可达 30m 以上。

（2）识别速度快。标签一进入磁场，解读器就可以即时读取其中的信息，而且能够同时处理多个标签，实现批量识别。

（3）数据容量大。条码中数据容量最大的二维码（PDF417）最多也只能存储 2725 个数字，若包含字母，则存储量会更小。RFID 标签的容量则可以根据用户的需要扩充。

（4）使用寿命长，应用范围广。无线电通信方式使其可以应用于粉尘、油污等高污染环境和放射性环境，而且封闭式包装使其寿命大大超过印刷的条码。

（5）标签数据可动态更改。利用编程器可以向标签写入数据，从而赋予标签交互式便携数据文件的功能，而且写入时间相比打印条码更短。

（6）安全性更高。标签不仅可以嵌入或附着在不同形状、类型的产品上，而且可以为标签数据的读写设置密码保护，从而具有更高的安全性。

（7）动态实时通信。标签以每秒50～100次的频率与阅读器进行通信，所以只要标签所附着的物体出现在阅读器的有效识别范围内，就可以对其位置进行动态追踪和监控。

许多行业都采用了射频识别技术。将标签附着在一辆正在生产中的汽车上，生产者便可以追踪此车在生产线上的进度。将标签附于牲畜与宠物身上，可以对牲畜与宠物进行积极识别（积极识别是指防止数只牲畜使用同一个身份）。汽车上的射频应答器可以用来征收收费路段与停车场的费用。某些标签被附在衣物、个人财物上，甚至被植入人体内。由于这项技术可能会在未经本人许可的情况下读取个人信息，因此会有侵犯个人隐私的隐患。

任务实施

一、工作任务与分工表

工作任务与分工表见表2-2-4。

表2-2-4　工作任务与分工表

工 作 任 务	具体任务描述	具 体 分 工
配置RFID读卡器	工作模式：定时模式 定时间隔：10ms 相邻判别：2s 频率：跳频模式并选中41～50间所有频点 USB输出格式：设置为12字节TID	
配置ZigBee采集器	PanID：0x2001 协调器地址：0x1701 终端节点地址：0x1801 通信方式：单播 串口信息：9600、8、无、1	

二、实施步骤

步骤1　RFID 读卡器配置。

（a）用串口线将 RFID 读卡器与 PC 的串口相连。

（b）打开 RFID 配置软件，设置串口通信参数，连接成功后如图 2-2-1 所示。

（c）如图 2-2-2 所示，打开"参数设置"选项卡，在"工作模式"选项区，设置"定时模式"、"定时间隔20×10毫秒"、"相邻判别2秒"；在"通讯方式"选项区，设置类型为"RS-232"，波特率为"9600bps"；在"读卡器参数"选项区，设置设备号为"0"，功率为"150"，读卡方式为"EPC单标签"，频率设置为"跳频模式"，频点选择41～50。然后单击每项参数右侧

图 2-2-1　连接成功

的"设置"按钮，弹出对话框提示参数设置成功，如图 2-2-3 所示。

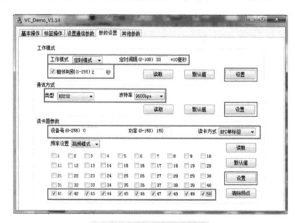

图 2-2-2　设置参数

图 2-2-3　参数设置成功

（d）打开"其他参数"选项卡，将 USB 输出格式设置为"12 个字节 TID"，然后单击"设置"按钮，如图 2-2-4 所示。

（e）打开"基本操作"选项卡，选择"单卡识别"，再单击"读卡"按钮，读取超高频卡的 EPC 编码 E21260081301014522602B77 并记录，如图 2-2-5 所示。

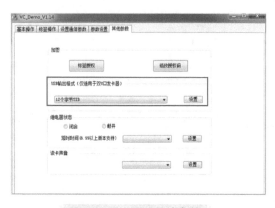 

图 2-2-4　设置其他参数　　　　　　　图 2-2-5　读卡

（f）打开"标签操作"选项卡，选择读写指定区域为"TID 区"，开始地址为"0"，长度为"6"，然后单击"读取"按钮，得到数据 E2003412013F170000642B34 并记录，如图 2-2-6 所示。

（g）在"标签操作"选项卡中，选择读写指定区域为"EPC 区"，开始地址为"2"，长度为"6"，然后单击"读取"按钮，得到数据 E21260081301014522602B77，如图 2-2-7 所示。至此 RFID 读卡器配置完毕。

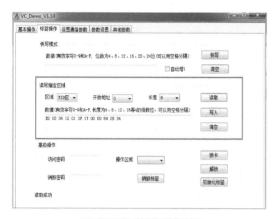

图 2-2-6 读 TID 区

图 2-2-7 读 EPC 区

步骤 2 ZigBee 采集器配置。

ZigBee 需要两个节点进行组网，一个作为协调器，另外一个作为终端节点。终端节点用来采集数据，协调器用来组网及作为数据汇聚点。

（a）用串口线将一个 ZigBee 采集器与 PC 的串口相连，将该 ZigBee 采集器作为协调器。

（b）打开 ZigBee 配置软件，选择本地串口"COM1"，波特率为"9600"，数据位为"8"，检验位为"无"，停止位为"1"，然后单击"打开串口"，显示成功信息，如图 2-2-8 所示。

（c）单击"FastZigBee"，然后单击"获取信息"，修改配置信息：设备类型为"路由设备"，网络号为"0x2001"，本地网络地址为"0x1701"，目的网络地址为"0x1701"，通道号为"Channel 25"，发送模式为"单播模式"。其他参数保持不变。单击"更改配置"，输入密码"88888"并保存信息，如图 2-2-9 所示。

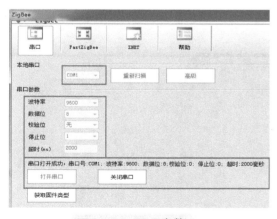

图 2-2-8 配置参数

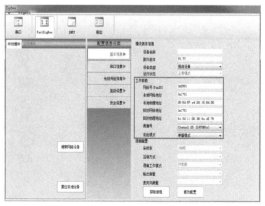

图 2-2-9 更改配置参数

（d）单击"串口信息"，可以更改串口通信参数，如图 2-2-10 所示。

（e）将另一个 ZigBee 采集器作为终端节点。用同样的方法将它的信息修改如下：设备类型为"路由设备"，网络号为"0x2001"，本地网络地址为"0x1801"，目的网络地址为"0x1701"，通道号为"Channel 25"，发送模式为"单播模式"。其他参数保持不变。单击"更改配置"，输入密码"88888"并保存信息，如图 2-2-11 所示。

图 2-2-10　串口信息

图 2-2-11　终端节点信息

（f）用同样的方法修改串口信息，至此 ZigBee 采集器配置完毕。

步骤3　自主学习完成以下习题。

（a）本项目中 ZigBee 使用 ＿＿＿＿Hz，属于 ISM 频段，通信速率可达 ＿＿＿＿kbps，具有 ＿＿ 个信道，适用于全球范围。

（b）ZigBee 属于 ＿＿＿＿网，解决个人设备之间的互连，是一种替代线缆的通信方式。其具有唯一 ＿＿＿＿ 号，也称 PID，长度为 ＿＿＿＿ 位。

（c）ZigBee 的短地址为 ＿＿＿＿ 位，可以使用的范围为 ＿＿＿＿＿。

（d）本项目使用的 RFID 读卡器为 ＿＿＿＿＿ 读卡器，频率高达 ＿＿＿＿＿。

（e）超高频卡采用 ＿＿＿＿ 编码规则，其中 ＿＿＿＿ 区是用户信息区。

任务 3　数据库配置

任务描述

附加数据库，修改相关配置，使网站能读写数据库，为智慧社区系统管理与存储相关数据。本任务要用到的软件资源见表 2-3-1。

表 2-3-1　资源列表

资 源 名 称	数 量	备 注
SQL Server 2008 R2	1	数据库软件
zqServerSQL	1	教材配套资源提供

任务要求

附加数据库 zqServerSQL。

修改数据库登录信息，使用 SQL Server 身份验证方式登录，用户名为"sa"，密码为"123456"。

修改数据库相关表信息，使网站能读写相关信息，主要包括智能网关的 IP、传感器与执行设备的云变量。

任务目标

了解数据库的作用。

掌握数据库的使用方法。

知识链接

数据库（Database）是按照数据结构来组织、存储和管理数据的仓库。它是以一定方式存储在一起、能被多个用户共享、具有尽可能低的冗余度、与应用程序彼此独立的数据集合。

SQL Server 是微软公司的数据库产品，源于 Sybase SQL Server。

SQL 指结构化查询语言（Structured Query Language），它是一种数据库查询和程序设计语言，用于存取数据，以及查询、更新和管理关系数据库系统。

SQL Server 2008 R2 的核心组件分为 4 类：数据库引擎、分析服务、报表服务、集成服务。它的体系结构如图 2-3-1 所示。

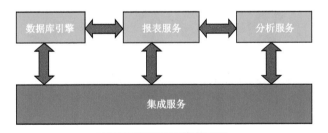

图 2-3-1　体系结构

数据库及数据库对象如图 2-3-2 所示，系统数据库的作用与特点见表 2-3-2。

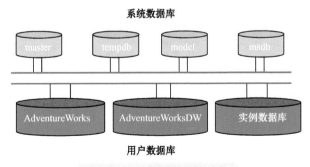

图 2-3-2　数据库及其对象

表 2-3-2　系统数据库的作用与特点

数　据　库	描　　述
master	master数据库是SQL Server的核心，如果该数据库被损坏，SQL Server将无法正常工作。master数据库记录了所有SQL Server系统级信息，这些系统级信息包括登录账户信息、系统配置信息、服务器配置信息、数据库文件信息及SQL Server初始化信息等
tempdb	tempdb数据库是一个临时数据库，用于存储查询过程中的中间数据或结果。实际上，它是一个临时工作空间
model	model数据库是其他数据库的模板数据库。当创建用户数据库时，系统自动把该模板数据库的所有信息复制到新建的数据库中。model数据库是tempdb数据库的基础，对model数据库的任何改动都将反映在tempdb数据库中
msdb	msdb数据库是一个与SQL Server Agent服务有关的数据库。该系统数据库记录有关作业、警报、操作员、调度等信息

SQL Server 2008 R2 具有以下特点。

（1）可信，使公司能以很高的安全性、可靠性和可扩展性来运行最关键任务的应用程序。

（2）高效，可使公司降低开发和管理数据基础设施的时间和成本。

（3）智能，提供了一个全面的平台，可以在用户需要时向其发送信息。

任务实施

一、工作任务与分工表

工作任务与分工表见表 2-3-3。

表 2-3-3　工作任务与分工表

工　作　任　务	具体任务描述	具　体　分　工
数据库配置	附加数据库，修改数据库的表信息，主要包括智能网关的IP、传感器与执行设备等的云变量	

图 2-3-3　登录界面

二、实施步骤

步骤1　数据库的配置。

（a）打开 SQL Server 2008 R2，使用"Windows 身份验证"方式登录数据库，服务器名称为"LI"，如图 2-3-3 所示。

（b）成功进入系统后，找到左侧"登录名"下的"sa"，右键打开"登录属性"对话框，设置密码为"123456"，如图 2-3-4 所示。

图 2-3-4　设置密码

（c）以"SQL Server 身份验证"方式重新登录数据库，登录名为"sa"，如图 2-3-5 所示。

图 2-3-5　以"SQL Server 身份验证"方式登录

（d）右键打开"附加数据库"对话框，找到数据库文件 zqServerSQL.mdf 的路径，单击"添加"按钮，附加数据库，如图 2-3-6 所示。

（e）附加成功后的 zqServer SQL 数据库如图 2-3-7 所示。

（f）单击"dbo.gateway"数据表，右键选择编辑前 100 行，将 gateway1 的 LANAddr 属性值修改为智能网关的 IP，即 192.168.0.80:8000，如图 2-3-8 所示。

（g）单击"dbo.devices"数据表，右键选择编辑前 100 行，将设备对应的云变量的名称填入 linkstream 中，如图 2-3-9 所示。

（h）单击"dbo.user"，显示用户信息，可知账户 zz 的密码为 342，如图 2-3-10 所示。至此数据库配置完毕。

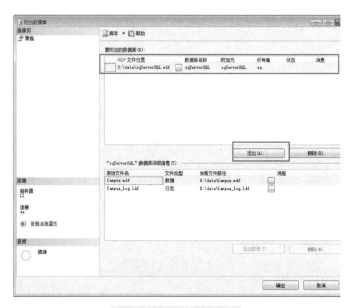

图 2-3-6　附加数据库

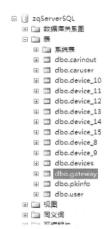

图 2-3-7　zqServerSQL 数据库

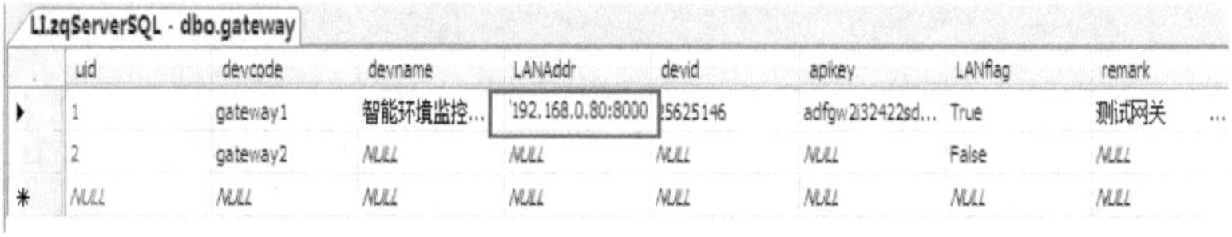

LI.zqServerSQL - dbo.gateway

uid	devcode	devname	LANAddr	devid	apikey	LANflag	remark
1	gateway1	智能环境监控...	192.168.0.80:8000	15625146	adfgw2l32422sd...	True	测试网关
2	gateway2	NULL	NULL	NULL	NULL	False	NULL
NULL	NULL	NULL	NULL	NULL	NULL	NULL	NULL

图 2-3-8　修改参数

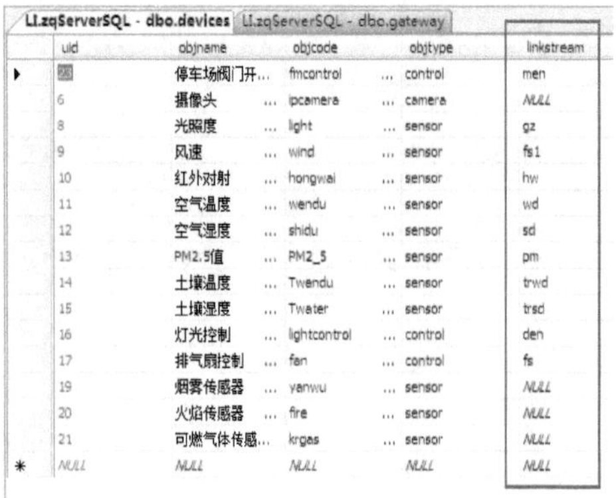

LI.zqServerSQL - dbo.devices　LI.zqServerSQL - dbo.gateway

uid	objname	objcode	objtype	linkstream
5	停车场闸门开...	fmcontrol	control	men
6	摄像头	ipcamera	camera	NULL
8	光照度	light	sensor	gz
9	风速	wind	sensor	fs1
10	红外对射	hongwai	sensor	hw
11	空气温度	wendu	sensor	wd
12	空气湿度	shidu	sensor	sd
13	PM2.5值	PM2_5	sensor	pm
14	土壤温度	Twendu	sensor	trwd
15	土壤湿度	Twater	sensor	trsd
16	灯光控制	lightcontrol	control	den
17	排气扇控制	fan	control	fs
19	烟雾传感器	yanwu	sensor	NULL
20	火焰传感器	fire	sensor	NULL
21	可燃气体传感...	krgas	sensor	NULL
NULL	NULL	NULL	NULL	NULL

图 2-3-9　云变量

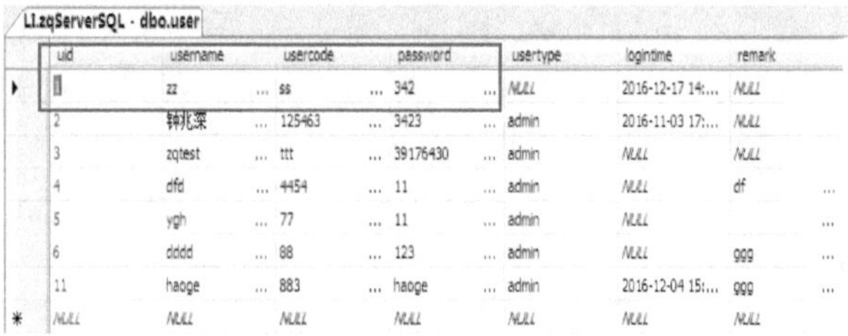

LI.zqServerSQL - dbo.user

uid	username	usercode	password	usertype	logintime	remark
1	zz	ss	342	NULL	2016-12-17 14:...	NULL
2	钟兆深	125463	3423	admin	2016-11-03 17:...	NULL
3	zqtest	ttt	39176430	admin	NULL	NULL
4	dfd	4454	11	admin	NULL	df
5	ygh	77	11	admin	NULL	
6	dddd	88	123	admin	NULL	ggg
11	haoge	883	haoge	admin	2016-12-04 15:...	ggg
NULL	NULL	NULL	NULL	NULL	NULL	NULL

图 2-3-10　用户信息

步骤2 自主学习完成以下任务。

（a）采用数据库查询命令，查询用户表 dbo.user 中 username 为 zz 的用户信息。

（b）采用数据库删除命令，删除网关表 dbo.gateway 中 devcode 为 gateway2 的记录。

（c）采用数据库修改命令，将设备表 dbo.devices 中 objname 为风速的 linkstream 信息修改为 fs1。

任务 4 IIS 及监测管理软件配置

任务描述

进入 IIS 管理器，配置并发布智慧社区系统网站，网站包含前台和后台。前台是人机交互界面，配置成功后登录前台网站可以查看传感器数据、控制执行设备、设置相关参数等。后台会处理前台的一些请求，根据需要操作数据库，形成一个完整的系统。

智能车库需要进入停车场管理界面进行发卡管理，将超高频卡的 TID 区添加进去，刷卡后系统会自动控制闸门的状态并计费，同时将进出记录保存在数据库的 carinout 表中。

本任务要用到的软件资源见表 2-4-1。

表 2-4-1 资源列表

资源名称	数量	备注
后台服务器程序	1	见教材配套资源
智嵌物联网实训系统	1	见教材配套资源

任务要求

配置 IIS。

发布网站。

添加停车场用户卡信息，能刷卡进出停车场，在智慧社区系统里能查到进出记录。

任务目标

了解 Web 服务器的作用。

掌握 IIS 的配置方法。

会发布网站。

掌握智慧社区系统的使用和停车场的发卡管理。

知识链接

Web 服务器一般指网站服务器，是驻留于 Internet 上的某种计算机程序，它可以向浏览器等 Web 客户端提供文档，供全世界的用户浏览和下载。最常用的 Web 服务器是 Apache 和 Microsoft 的 Internet 信息服务器（Internet Information Services，IIS）。

当 Web 浏览器（客户端）连到服务器上并请求文件时，服务器将处理该请求并将文件反馈到该浏览器上，附带的信息会告诉浏览器如何查看该文件（即文件类型）。服务器使用 HTTP（超文本传输协议）与客户机浏览器进行信息交流。

Web 服务器可以解析 HTTP。Web 服务器接收到一个 HTTP 请求后，会返回一个 HTTP 响应，如送回一个 HTML 页面。为了处理一个请求，Web 服务器可以响应一个静态页面或图片，进行页面跳转，或者把动态响应的产生委托给其他程序，如 CGI 脚本、JSP 脚本、Servlets、ASP 脚本、服务器端 JavaScript 等。无论它们的目的如何，这些服务器端程序通常都产生一个 HTML 响应以供浏览器浏览。访问 Web 服务器的过程如图 2-4-1 所示。

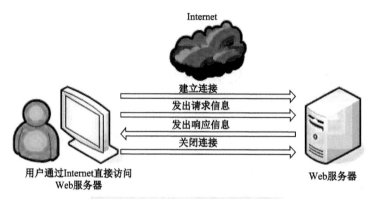

图 2-4-1 访问 Web 服务器的过程

任务实施

一、工作任务与分工表

工作任务与分工表见表 2-4-2。

表 2-4-2 工作任务与分工表

工作任务	具体任务描述	具体分工
IIS配置	配置IIS	
后台配置	在IIS中新建一个端口号为8000、名称为ht的后台网站	
前台配置	在IIS中新建一个端口号为800、名称为qt的前台网站	
停车场发卡管理	完成发卡管理，将用户卡（超高频卡）信息录入停车场管理系统	

二、实施步骤

步骤1 选择"开始"→"控制面板"→"程序"，在"程序和功能"区域中选择"打开或关闭 Windows 功能"，如图 2-4-2 所示。

图 2-4-2 选择"打开或关闭 Windows 功能"

步骤 2 在打开的对话框中，勾选"Web 管理工具"和"万维网服务"，如图 2-4-3 所示。

步骤 3 启动"Internet 信息服务（IIS）管理器"，在右键菜单中选择"添加网站"，如图 2-4-4 所示。

图 2-4-3 勾选相关服务　　　　　图 2-4-4 选择"添加网站"

步骤 4 添加后台。在"添加网站"对话框中，网站名称自定义，这里设为"ht"，应用程序池选择"ASP.NET v4.0"，物理路径选择后台服务器程序的路径。IP 地址设为"192.168.0.100"，端口为"8000"，如图 2-4-5 所示。

图 2-4-5 添加后台

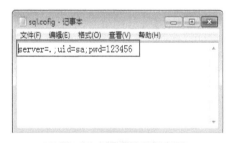

图 2-4-6 修改账户和密码

步骤 5 将 ZqServer 文件夹里的文件 sql.cofig 用记事本程序打开。将登录数据库的账户"sa"和密码"123456"修改好，其中"."代表本地服务器的地址，即本机地址，如图 2-4-6 所示。

修改好之后，将 ZqServer 文件夹复制到 C 盘 Windows 目录下，如图 2-4-7 所示。

步骤 6 在浏览器地址栏中输入后台 IP（192.168.0.100:8000）访问后台，或者在 IIS 中选择浏览后台网址，如配置成功，则出现图 2-4-8 所示的页面。

图 2-4-7　复制 ZqServer 文件夹

图 2-4-8　后台访问页面

步骤 7　配置前台。前台是人机交互界面。参考上述步骤再次添加网站，网站名称自定义，这里设为"qt"，应用程序池选择"ASP.NET v4.0"，物理路径选择智嵌物联网实训系统的路径。IP 地址设为"192.168.0.100"，端口为"800"。

步骤 8　用记事本程序打开文件 zq _common.js，将相关内容修改为 myUrl ="http://192.168.0.100:8000/";，这是在后台中输入前台的地址，实现互通，如图 2-4-9 所示。

步骤 9　在前台的默认文档中添加 login.html，如图 2-4-10 所示。

图 2-4-9　修改文件 zq_common.js 的内容　　　图 2-4-10　添加默认文档

步骤 10　在浏览器地址栏中输入前台 IP（192.168.0.100:800）访问前台，或者在 IIS 中选择浏览前台网址，实训系统登录页面如图 2-4-11 所示。

图 2-4-11　实训系统登录页面

步骤11 利用在数据库用户表中记录的账户 zz 和密码 342 登录网站，进入实训系统首页，如图 2-4-12 所示。

图 2-4-12 实训系统首页

步骤12 选择"校园环境监控系统"→"监控视图"，页面中将显示传感器的数据，以及排风扇与灯光控制按钮，如图 2-4-13 所示。

步骤13 单击控制按钮打开或关闭排风扇或灯光，如果打开或关闭成功，将弹出相应的提示对话框，如图 2-4-14 所示。还可查看实时数据和历史数据，打印相关信息，学生可自行完成。

图 2-4-13 监控视图　　　　　　　图 2-4-14 提示对话框

步骤14 选择"智慧社区管理系统"→"社区视图"，可以查看智慧社区中传感器获取的数据，如图 2-4-15 所示。

步骤15 选择"停车场管理"，单击阀门控制按钮，操作成功会弹出相应的提示对话框，如图 2-4-16 所示。

步骤16 选择"停车场管理"→"发卡管理"，如图 2-4-17 所示。

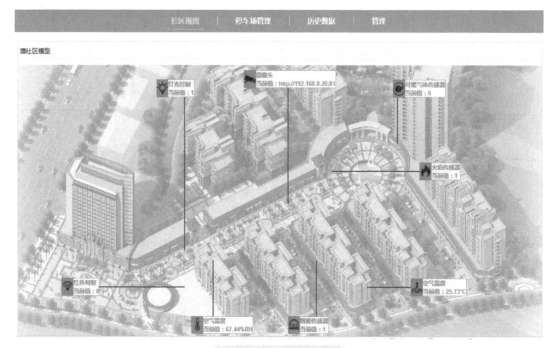

图 2-4-15　社区视图

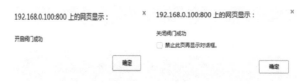

图 2-4-16　阀门控制提示对话框

	车辆名称	车辆id	备注	功能操作
	dsfdsdf	112323654	77	新增 修改 删除
	个个	77775	0	新增 修改 删除
	大幅度	77		新增 修改 删除
	颛	1999		新增 修改 删除
	亿	777		新增 修改 删除
	BEN12	E2003412013F170000642B34		新增 修改 删除

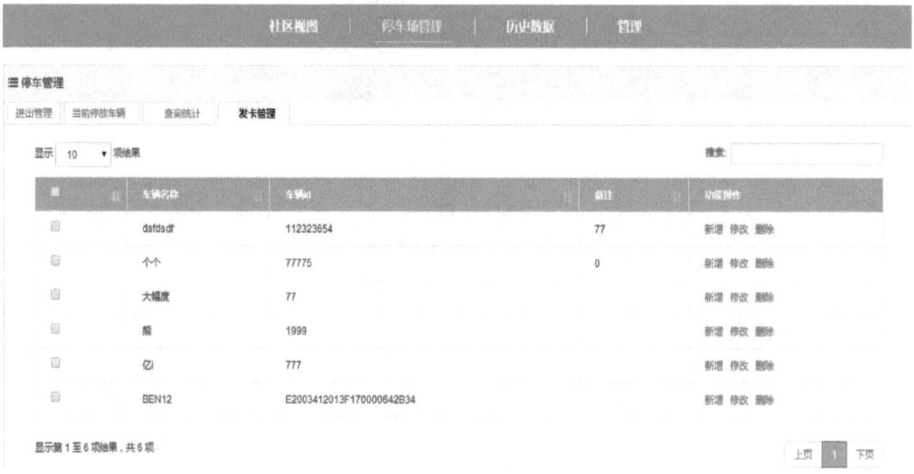

图 2-4-17　发卡管理

单击“新增”，增加用户卡（超高频卡）信息。将在 RFID 读卡器配置部分所记录的超高频卡 TID 区编码 E2003412013F170000642B34 添加进去，如图 2-4-18 所示。

步骤17 使用用户卡刷卡模拟车辆进入停车场，选择"查询统计"，可以看到车辆进入的系统记录，如图 2-4-19 所示。

再次刷卡，模拟车辆驶出停车场。再次选择"查询统计"，此时可看到车辆驶出时间、停放时长及停车费用，如图 2-4-20 所示。

在停车场信息管理页面中，车位数也会随之变化。停放前如图 2-4-21 所示，剩余车位为 29 个。

图 2-4-18 新增信息

≡ 停车管理

| 进出管理 | 当前停放车辆 | **查询统计** | 发卡管理 |

开始时间	结束时间	车辆ID	
单击选择时间	单击选择时间		Q 查询 Q 统计

显示 10 ▼ 项结果   搜索

	车辆名称	车辆id	开始时间	结束时间	停放时间(秒)	总费用(元)
☐	BEN12	E2003412013F170000642B34	2017/7/25 14:41:50	2017/7/25 14:41:50	0.44	0.22
☐	BEN12	E2003412013F170000642B34	2017/7/25 14:41:51	2017/7/25 14:41:52	1.04	0.52
☐	BEN12	E2003412013F170000642B34	2017/7/25 14:41:54	2017/7/25 14:41:55	1.09	0.54
☐	BEN12	E2003412013F170000642B34	2017/7/25 14:41:56	2017/7/25 14:41:57	1.71	0.85
☐	BEN12	E2003412013F170000642B34	2017/7/25 14:41:57	2017/7/25 14:43:06	69.57	34.79
☐	BEN12	E2003412013F170000642B34	2017/7/25 14:43:06	2017/7/25 14:43:32	26	13
☐	BEN12	E2003412013F170000642B34	2017/7/25 14:43:56		0	0

显示第 41 至 47 项结果，共 47 项   上页 1 2 3 4 **5** 下页

图 2-4-19 车辆进入信息

	车辆名称	车辆id	开始时间	结束时间	停放时间(秒)	总费用(元)
☐	BEN12	E2003412013F170000642B34	2017/7/25 14:41:50	2017/7/25 14:41:50	0.44	0.22
☐	BEN12	E2003412013F170000642B34	2017/7/25 14:41:51	2017/7/25 14:41:52	1.04	0.52
☐	BEN12	E2003412013F170000642B34	2017/7/25 14:41:54	2017/7/25 14:41:55	1.09	0.54
☐	BEN12	E2003412013F170000642B34	2017/7/25 14:41:56	2017/7/25 14:41:57	1.71	0.85
☐	BEN12	E2003412013F170000642B34	2017/7/25 14:41:57	2017/7/25 14:43:06	69.57	34.79
☐	BEN12	E2003412013F170000642B34	2017/7/25 14:43:06	2017/7/25 14:43:32	26	13
☐	BEN12	E2003412013F170000642B34	2017/7/25 14:43:56	2017/7/25 14:44:41	45.64	22.82

图 2-4-20 车辆驶出信息

图 2-4-21 停放前车位数

停放后如图 2-4-22 所示，剩余车位为 28 个。

图 2-4-22 停放后车位数

步骤18 请自行查看其他相关信息，如用户网关配置信息、用户管理系统等。请在用户管理系统中添加账户 BEN，密码为 123，然后使用此账户登录。

步骤19 自主学习完成以下任务。

（a）选择"历史数据"，查看风速传感器的数据在过去一周的平均值，并截图保存。

（b）选择"智慧社区管理系统"→"社区视图"，查看红外对射传感器触发时的状态，并截图保存。

（c）修改配置，将"智慧社区管理系统"→"社区视图"中的烟雾传感器数据替换成人体感应传感器的数据。

（d）能非常熟练地使用智慧社区系统。

本项目电子资料包
可以扫描二维码查看

智能照明系统的安装与调试

工作情景 ●●●●●●

　　小哀和士郎是某智能科技有限公司职员，均毕业于某职业学校物联网专业。士郎在业务部，负责售前需求分析和用户方案设计。小哀在工程部，负责智能产品的安装与调试等工作。

　　某天早会期间，刘经理给小哀与士郎分配了一项任务：本市一位赵先生投资建设了一个体育馆，现计划投入 3 万元左右进行智能化改造，主要实现智能照明、远程控制等功能。刘经理提醒士郎和小哀在安装的过程中要做到施工安全、效果美观，不能浪费材料，并与客户保持良好沟通。安装完成后，还要向客户赵先生进行功能介绍和使用说明。

项目描述 ●●●●●●

客户沟通

　　士郎接到任务后，与赵先生取得了联系，并到体育馆实地考察。士郎和赵先生的对话如下。

　　士　郎：赵先生，您好，我是××智能科技有限公司的售前工程师，很高兴为您服务。

　　赵先生：你好，我新建了一个体育馆，为了方便管理，想对体育馆进行智能化改造，为用户提供更便捷、更智能的服务。不知道你们有什么好的方案？

　　士　郎：智能化改造没问题，只要要求合理，我们一定会为您实现。我们公司的智能化改造方案分为有线型和无线型两种。有线型方案可靠稳定，但是价格偏高。无线型方案适合区域复杂、不能大规模装修的地方。要根据您的具体需求和情况来确定方案，如投入的预算、要实现的功能、区域大小等。

　　赵先生：我的预算在 3 万元左右，我这里有两个主要区域，一个是室外篮球场，另一个是室内羽毛球场。篮球场在室外，白天不用开灯，到了晚上要能自动开灯，也可以手动开关灯。羽毛球场在室内，但是室内比较暗，需要开灯，而中午光线充足，不用开太亮的灯。室内还有休息区，休息区包括更衣室和洗手间，一般不会有人长时间使用，因此希望没人就关灯。

　　士　郎：按照我们以往的工程实施经验，还需要将有线型和无线型两种方案结合在一起，3 万元预算应该不够，能否将预算提高到 5 万元呢？

　　赵先生：提高预算不是不行，只要能先搞好室外篮球场，再搞好室内羽毛球场，最后完成休息区，就可以提高预算。

士　郎：这有点难，需要将预算提高到 6 万元。

赵先生：可以，但必须按要求完成。

方案制订

根据赵先生的要求，士郎为体育馆制订了智能化改造设计方案，见表 3-0-1。

表 3-0-1　体育馆智能化改造设计方案

客户情况简介					
客户姓名	赵××	电　话	185×××××××	地　址	××市××区××路233号
资金预算	6万元	设计人	士　郎	日　期	2016年12月24日

客户情况描述：

体育馆分三部分

第一部分是室外篮球场，已经装修，所有强弱电均为暗装，要提供智能远程照明且不能大幅度改动

第二部分是室内羽毛球场，未装修，还未设计电路，要求室内保持光照充足，无须手动调控

第三部分是室内休息区，房间众多，未装修，要求实现智能开关灯

客户需求分析：

实现智能照明、节省电力、远程控制

总体方案描述
1. 根据客户的需求、场地实际情况及资金预算，引入智能家居网关并连入云平台
2. 室外篮球场地开阔无建筑，采用智嵌云控网关和RF反馈面板
3. 室内羽毛球场区域大，采用八路开关、光照度传感器和可调光管
4. 休息区安装人体感应传感器，有人时开灯，无人时关灯，节省电力

设备与费用清单			
设备与费用名称	数　量	品　牌	价格（元）
智嵌综合网关	1	智嵌	1200
路由器	1	TP-LINK	180
RF反馈面板	1	智嵌	230
人体感应传感器	1	智嵌	130
光照度传感器	1	智嵌	250
智嵌ZigBee设备	2	智嵌	270
节能LED灯	35	智嵌	65
可调光管	8	盛莱普	120
智嵌云控	1	智嵌	800
八路开关	1	智嵌	120
应用专利费用	—	—	5000
耗材和人工费用	—	—	20000
后续维护费用	3年	—	20000

士郎还根据设计方案绘制了智能照明系统拓扑图，如图 3-0-1 所示。

系统示意图如图 3-0-2 所示。

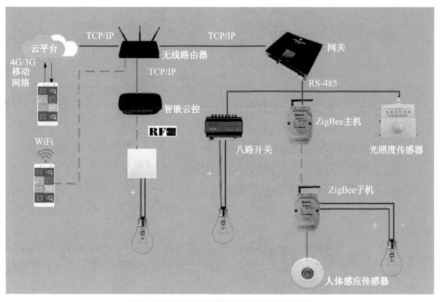

图 3-0-1 智能照明系统拓扑图

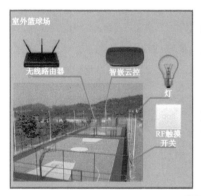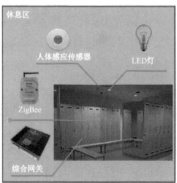

图 3-0-2 智能照明系统示意图

3. 派工分配

士郎将设计方案转交给了工程部，工程部经理制作了派工单（表 3-0-2），并将任务转给小哀具体负责实施。

表 3-0-2 派工单

客户名称	赵先生	联系人	赵××	联系电话	185××××××××
施工地点	地址：××市××区××路233号	派出工程师	小哀	派工时间	2016年12月24日
工作内容	安装与调试智能照明系统，包含照明控制、调光控制、无线控制等功能				
工作要求	严格按照安装、连线、测试、调试的步骤实施，保证设备运行正常、稳定 施工规范，操作安全，布线合理、美观、牢固 施工完成后，向客户介绍设备的使用方法 展示良好的公司形象，做到服务热情，与客户保持良好沟通，确保客户满意				
注意事项	因路灯原有线路不宜改造，故采用无线设备控制				
预计工时	32天	开工时间		实际完工时间	

续表

客户填写部分		
效果评价		
验收结果		客户签字	

小哀接到派工单后，将任务具体分解如下。

任务 1：开关型灯光控制线路的安装与调试。

任务 2：调光型灯光控制线路的安装与调试。

任务 3：物联网网关连接灯光控制设备的实现。

任务 4：照明系统控制界面的设计与实现

任务 1 开关型灯光控制线路的安装与调试

任务描述

根据项目方案与安装示意图，本任务选择项目中的一组智能照明电路进行安装与调试，实现通过智能触摸开关控制灯光亮灭，通过移动终端实现本地控制灯光亮灭。开关型灯光控制线路框架图如图 3-1-1 所示。

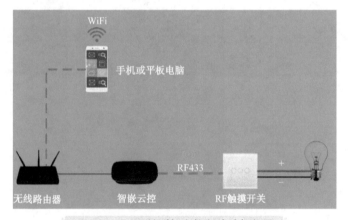

图 3-1-1　开关型灯光控制线路框架图

根据框架图，列出本任务需要用到的设备与材料清单，见表 3-1-1。

表 3-1-1　设备与材料清单

设备或材料名称	数　量	备　注
云控网关	1	智嵌云控
无线路由器	1	TP-LINK
RF触摸开关	1	采用智嵌品牌，基于RF433通信
灯泡、灯座	1	—

续表

设备或材料名称	数　量	备　注
86型底盒	2	—
网线、电源线	若干	电源线横截面积大于或等于1mm^2
其他工具与耗材	若干	—

所需设备和工具如图 3-1-2 所示。

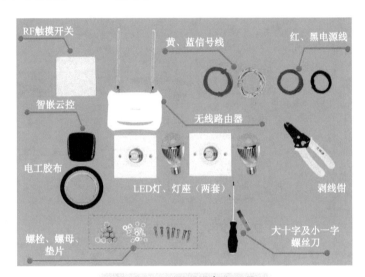

图 3-1-2　所需设备和工具

任务要求

完成开关型灯光设备的固定与安装。

完成开关型灯光设备各类线缆的连接，通过触摸开关实现开关灯效果。

完成光照度传感器的安装和调试。

遵守电工操作规范，树立工匠精神，设备安装与布线做到美观牢固、横平竖直，力求做到精益求精。

任务目标

了解继电器的原理和连接方法。

能动手安装开关型灯光控制线路。

能获取光照度传感器的数据。

知识链接

导线连接是电工作业的一项基本工序，也是一项十分重要的工序。导线连接的质量直接关系到整个线路能否安全可靠地长期运行。对导线连接的基本要求是：连接牢固可靠、接头电阻小、机械强度高、耐腐蚀和耐氧化、电气绝缘性能好。导线的单股绞合连接见表 3-1-2，多股绞合连接见表 3-1-3。

表 3-1-2　单股导线的绞合连接

接 线 方 式	接 线 示 例
小截面单股铜导线的连接	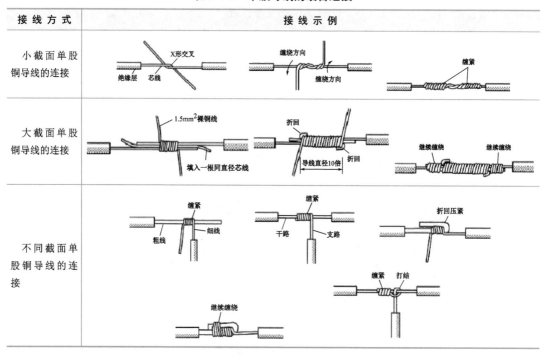
大截面单股铜导线的连接	
不同截面单股铜导线的连接	

表 3-1-3　多股导线的绞合连接

接 线 方 式	接 线 示 例
多股铜导线的直接连接	
多股铜导线的T形连接	
多股铜导线的分支连接	

任务实施

一、工作任务与分工表

工作任务与分工见表 3-1-4。

表3-1-4　工作任务与分工表

工 作 任 务	具体任务描述	具 体 分 工
设备安装	将触摸开关、灯泡、灯座、86型底盒、路由器、智嵌云控等设备，按照安装位置图固定在实训架的指定位置上，要求安装稳固、美观大方 通过自主学习完成任务中的练习题	
线路连接	用电源线正确连接触摸开关和灯座，能通过触摸开关控制灯的开关 所有线路连接正确，不存在短路、断路的情况，安装顺利，布置恰当 正确连接路由器、电脑、移动终端等设备 通过自主学习完成任务中的练习题	
网络搭建	进入路由器设置界面，正确设置。设置路由器的WiFi，使移动设备可以接入路由器 通过自主学习完成任务中的练习题	
设备调试	在移动终端上安装"智嵌云控"APP 在"智嵌云控"APP中添加网关及触摸开关等设备 为APP中的灯光开关按钮学习RF433编码 通过自主学习完成APP界面的制作	
其他	做到安全用电，遵循先测试再通电的原则 线路连接符合规范 安装过程中保持环境整洁，不乱丢工具、设备、线材 安装过程中不大声喧哗，不随意走动 安装过程中未出现工具、设备掉落等情况	

二、实施步骤

1．设备安装与布线

步骤1　用 4 颗螺钉将两个 86 型底盒安装到实训墙面上，保证底盒安装牢固、横平竖直。

步骤2　触摸开关连线（参考项目 1 任务 1）。

（a）将红色电源线插入触摸开关的正极 L 接线柱，黑色电源线插入触摸开关的负极 N 接线柱，然后用螺丝刀拧紧接线柱螺钉。

（b）将电源线的另一端连接至三极电源插头，遵循左零右火的原则。

步骤3　灯泡底座连线。将灯泡底座的两个端子分别用红、黑电源线连接至触摸开关的 N 端口（黑色线）和 L1 端口（L1 代表第一个开关，用红色线连接）。

步骤4　用一字螺丝刀撬动触摸开关面板边缘处的卡扣，直到撬开面板。将触摸开关用螺钉固定到 86 型底盒上，用同样的操作方法将灯泡底座固定到 86 型底盒上。

步骤5　完成布线后，用万用表测试线路是否短路、断路。

步骤6　确认线路正确后，安装灯泡，接通电源，按触摸开关 a 按键，能正常开关灯则表明任务完成。安装完成效果图如图 3-1-3 所示。

2. 网络搭建

步骤1 设备固定与连线（参考项目1任务1）。

（a）将智嵌云控网关与路由器固定在实训墙上，为两个设备接通电源。

（b）用一条网线连接智嵌云控网关的网络接口和路由器的 LAN 口。

（c）用一条网线连接路由器的 LAN 口和电脑。

步骤2 路由器设置。

（a）将电脑的 IP 地址设置为自动获取。

（b）在电脑浏览器中输入路由器的默认地址，并输入用户名与密码，进入路由器管理界面。

（c）若路由器地址错误或不能登录，可长按路由器背面的 Reset 键 5s，恢复出厂设置。

（d）进入管理界面后，单击下方的"路由设置"图标。

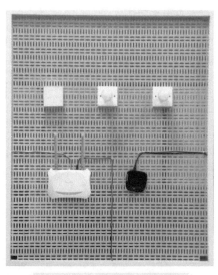

图 3-1-3　安装完成效果图

（e）单击管理界面左侧"上网设置"菜单，在"上网方式"下拉列表中选择"自动获得 IP 地址"，单击"保存"按钮，查看界面下方的提示，若提示"WAN 口网络已连接"，则表示连接成功。若提示"WAN 口连接异常"，则表示上网方式选择不正确，家庭网络可能用宽带拨号方式上网，单位网络则可能用固定 IP 地址。在管理界面中选择"无线设置"，设置好 WiFi 名称及密码。

步骤3 用手机连上路由器的 WiFi。

步骤4 完成以下内容。

（a）如今家庭网络的网线类型有以下 3 种：＿＿＿＿＿＿、＿＿＿＿＿＿、＿＿＿＿＿。

（b）双绞线常见类型有以下 7 种：＿＿＿＿＿、＿＿＿＿＿、＿＿＿＿＿、＿＿＿＿＿、＿＿＿＿＿、＿＿＿＿＿、＿＿＿＿＿。

3. 软件安装与调试

步骤1 软件安装（参考项目1任务1）。打开手机或平板电脑（基于安卓操作系统），连接智嵌云控设备所在的路由器 WiFi，安装"智嵌云控"APP。

步骤2 软件调试（参考项目1任务1）。

（a）运行"智嵌云控"APP。

（b）在屏幕上向左滑动手指。

（c）选择"我的设备"。

（d）在打开的"添加设备"界面中选择"反馈开关"。在打开的界面中单击"扫描"，然后长按触摸开关 a 按键 3s，直到 b 按键闪烁。若提示"添加成功"，则表明操作完成，否则重复前面两步。

步骤3 功能测试（参考项目1任务1）。

（a）返回至"智嵌云控"APP 主界面，向右滑动，选择"反馈开关"。

（b）在打开的界面中单击 a 按钮，查看灯光是否开启，再次单击 a 按钮，查看灯光是否关闭。

步骤4 通过小组讨论、自主探索等，采用设置背景图像等方式，美化"反馈开关"控制界面。

任务 2 调光型灯光控制线路的安装与调试

任务描述

根据项目方案与安装示意图，本任务选择项目中的一组智能照明电路进行安装与调试，实现灯光亮度可调节。调光型灯光控制线路框架图如图 3-2-1 所示。

根据框架图，列出本任务需要用到的设备清单，见表 3-2-1。

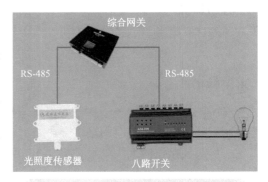

图 3-2-1 调光型灯光控制线路框架图

表 3-2-1 设备清单

设 备 名 称	数　　量	备　　注
综合网关	1	—
无线路由器	1	TP-LINK
光照度传感器	1	—
八路开关	1	—
可调光LED灯	1	—

所需设备实物如图 3-2-2 所示。

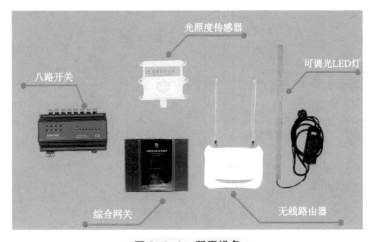

图 3-2-2 所需设备

任务要求

完成调光型灯光设备的固定与安装。

完成调光型灯光设备各类线缆的连接。

实现灯光亮度调节。

遵守电工操作规范，设备安装与布线做到美观牢固、横平竖直。

任务目标

了解调光原理和设备连接方法。

能动手安装调光型灯光控制线路。

知识链接

在用电过程中，导线接头的绝缘处理对用电安全有很大影响，因此必须学会正确使用绝缘胶布。绝缘胶布使用不当，会导致漏电，危及人身安全或者引发火灾。

一般导线接头的绝缘处理如图3-2-3所示。

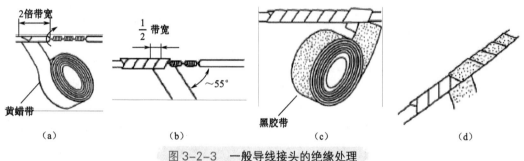

图 3-2-3　一般导线接头的绝缘处理

T形分支接头的绝缘处理如图3-2-4所示。

十字分支接头的绝缘处理如图3-2-5所示。

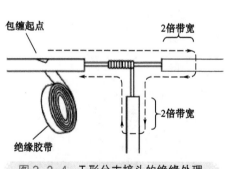

图 3-2-4　T形分支接头的绝缘处理

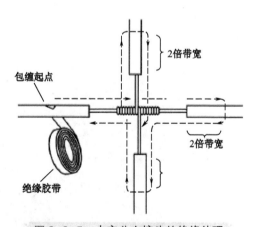

图 3-2-5　十字分支接头的绝缘处理

任务实施

一、工作任务与分工表

工作任务与分工表见表 3-2-2。

表 3-2-2 工作任务与分工表

工 作 任 务	具 体 任 务 描 述	具 体 分 工
设备安装	将相关设备按照安装位置图固定在实训架的指定位置上，要求安装稳固、美观大方 通过自主学习完成任务中的练习题	
线路连接	所有线路连接正确，不存在短路、断路的情况，安装顺利，布置恰当 正确连接路由器、电脑、移动终端等设备 通过自主学习完成任务中的练习题	
网络搭建	进入路由器设置界面，正确设置。设置路由器的WiFi，使移动设备可以接入路由器 通过自主学习完成任务中的练习题	
设备调试	在移动终端上安装"智嵌云控"APP 在"智嵌云控"APP中添加各种设备 为APP中的灯光开关按钮学习RF433编码 通过自主学习完成APP界面的制作	
其他	做到安全用电，遵循先测试再通电的原则 线路连接符合规范 安装过程中保持环境整洁，不乱丢工具、设备、线材 安装过程中不大声喧哗，不随意走动 安装过程中未出现工具、设备掉落等情况	

二、实施步骤

1. 设备安装与布线

步骤1 安装八路开关、可调光 LED 灯和光照度传感器，保证设备安装牢固、横平竖直。

步骤2 连接可调光 LED 灯和八路开关。将 12V 红色电源线与黑色电源线连接至八路开关，将可调光 LED 灯适配器上的三相插头连接至 220V 电源，把可调光 LED 灯适配器上的红色与黑色调光线连接到八路开关的正负端口，如图 3-2-6 所示。

步骤3 连接光照度传感器。

（a）光照度传感器的背面标有线路连接说明，如图 3-2-7 所示。

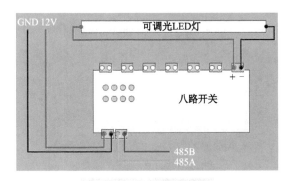

图 3-2-6 设备连线图

图 3-2-7 光照度传感器线路连接说明

（b）按照上述说明，红色线接 9 ～ 24V 电源正极，黑色线接对应的负极。黄色线接网关 COM 口对应的 A 极，绿色线接网关 COM 口对应的 B 极。

步骤 4 完成布线后，用万用表的红表笔接正极，黑表笔接负极，测试线路是否短路、断路。

步骤 5 确认线路正确后，接通电源，按下八路开关按键，确认能正常开关灯，则表明任务完成。安装完成效果图如图 3-2-8 所示。

2. 网络搭建

步骤 1 设备固定与连线。

（a）将综合网关与路由器固定在实训墙上，为两个设备接通电源。

（b）用一条网线连接综合网关的网络接口和路由器的 LAN 口。

（c）用一条网线连接路由器的 LAN 口和电脑。

步骤 2 自主学习如何用万用表检测八路开关开灯时的电压。

（a）正确地把红表笔插入测量 _____，黑表笔插入 _____。

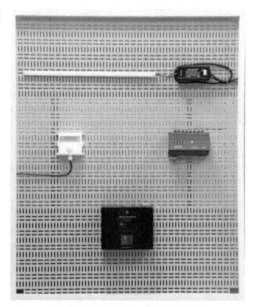

图 3-2-8 安装完成效果图

（b）将万用表调到直流电压中挡，红表笔前端接 _____，黑表笔前端接 _____。

（c）查看万用表显示的数值，计算出八路开关开灯时的电压为 _____。

步骤 3 网关配置。

（a）网关重启时，网关的 LCD 显示屏上会显示其网络信息，记录网关的 IP 地址和端口。

（b）如图 3-2-9 所示，打开网关配置工具，选择"运行"→"上传配置到本地"。根据提示输入上一步得知的网关 IP 地址，如果能成功获取信息，则说明通信正常。

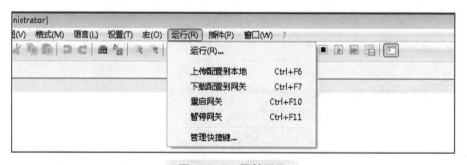

图 3-2-9 网关配置

步骤 4 选择"文件"→"打开"，然后选择要添加的文件，如图 3-2-10 所示。

步骤 5 添加完成后选择"文件"→"重命名"，如图 3-2-11 所示。

步骤 6 把文件名改为"config.lua"，然后保存，如图 3-2-12 所示。

步骤 7 选择"运行"→"下载配置到网关"，如图 3-2-13 所示。

步骤 8 按照提示输入网关 IP 地址，如"192.168.1.80"，如图 3-2-14 所示。之后系统会提示是否要覆盖代码。

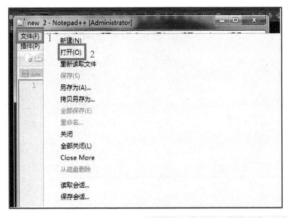

图 3-2-10 选择要添加的文件

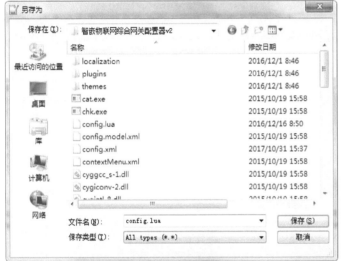

图 3-2-11 保存文件

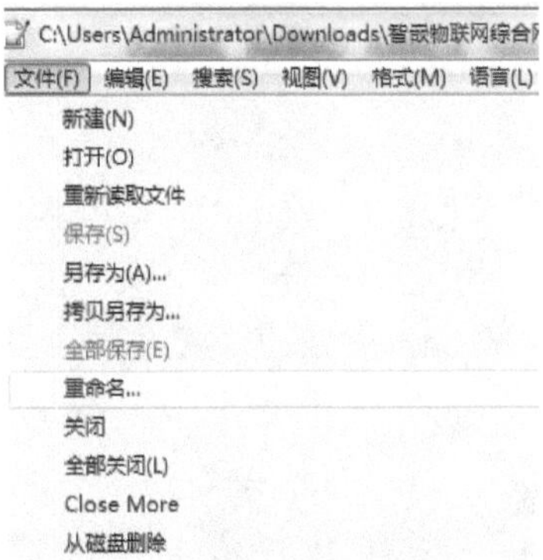

图 3-2-12 选择"重命名"

图 3-2-13 选择"下载配置到网关"

图 3-2-14 输入网关 IP 地址

3. 软件调试

步骤1 打开"智嵌 Web 调试工具"，工作界面如图 3-2-15 所示。

图 3-2-15 工作界面

步骤2 在 URL 地址栏中输入网关地址，如"http://192.168.1.80"，如图 3-2-16 所示。

步骤3 选择"Post"模式，发送相应的网关变量进行调光测试（发送的值范围为 0～100，发送的格式为"网关变量＝值"，如"lamp=1"，如图 3-2-17 所示。

图 3-2-16 输入网关地址　　　图 3-2-17 发送 Post 指令

任务 3　物联网网关连接灯光控制设备的实现

任务描述

根据项目方案与安装示意图，本任务选择项目中的一组智能照明电路进行安装与调试，实现通过触摸开关控制灯光亮灭，通过移动终端实现本地和远程控制灯光亮灭，通过 Zigbee 设备实现对灯光的控制。

系统拓扑图如图 3-3-1 所示。

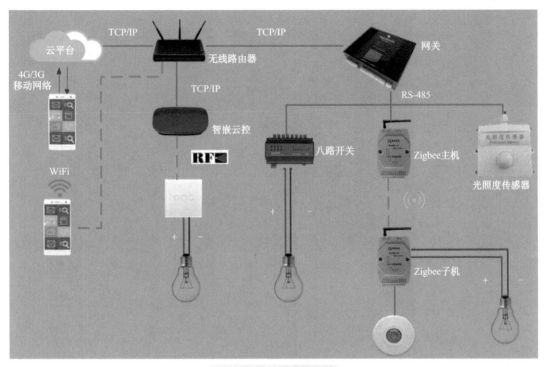

图 3-3-1 系统拓扑图

根据系统拓扑图，列出本任务需要用到的设备与材料清单，见表 3-3-1。

表 3-3-1 设备与材料清单

设备或材料名称	数　量	备　注
RF触摸开关	1	采用智嵌品牌，基于RF433通信
智嵌云控	1	—
综合网关	1	智嵌
光照度传感器	1	—
人体感应传感器	1	—
灯泡、灯座	2	—
八路开关	1	—
86型底盒	3	—
Zigbee设备	2	智嵌Zigbee采集控制器
路由器	1	TP-LINK
信号线、电源线	若干	电源线横截面积大于或等于1mm^2

所需设备、工具与耗材如图 3-3-2 所示。

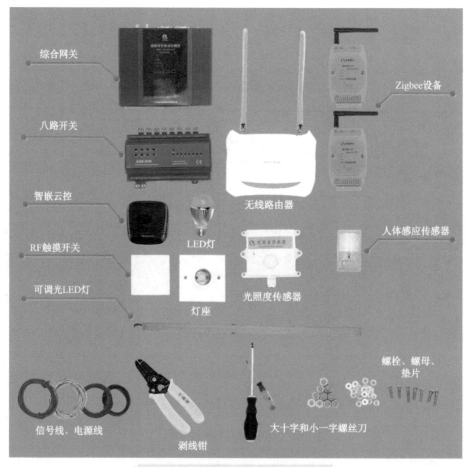

图 3-3-2　所需设备、工具与耗材

任务要求

完成网关和灯光控制设备的固定与安装。

完成网关和灯光控制设备各类线缆的连接，通过触摸开关实现开关灯效果，观察设备的通电状态。

完成 Zigbee 设备与网关的连接，确保 Zigbee 设备与网关通信正常，能通过 Zigbee 设备来控制灯光。

完成调光设备的连接，实现调光。

完成"智嵌云控"APP 的安装与部署。

完成局域网的搭建，并通过设置使所有连网设备互连互通。

完成 APP 与触摸开关的关联操作，实现通过移动终端本地控制灯光亮灭操作。

遵守电工操作规范，设备安装与布线做到美观牢固、横平竖直。

任务目标

能安装网关连接灯光系统。

了解物联网的概念和常用的通信方式。

会搭建典型的家庭和办公网络。

会使用智嵌云控设备及 APP 控制 RF433 开关设备。

知识链接

一、物联网

中国物联网校企联盟将物联网定义为目前几乎所有技术与计算机、互联网技术的结合，实现物体与物体之间环境及状态信息的实时共享，以及智能化收集、传递、处理和执行。从广义上说，目前涉及信息技术的应用，都可以纳入物联网的范畴。

国际电信联盟（ITU）认为，物联网主要解决物品与物品（Thing to Thing，T2T）、人与物品（Human to Thing，H2T）、人与人（Human to Human，H2H）之间的互连。与传统互联网不同的是，H2T 是指人利用通用装置与物品之间的连接，使得物品连接更加简化，而 H2H 是指人与人之间不依赖于 PC 而进行的互连。

物联网是指通过各种信息传感设备，实时采集任何需要监控、连接、互动的物体或过程等的相关信息，与互联网结合形成的一个巨大网络。其目的是实现物与物、物与人、所有物品与网络的连接，以方便识别、管理和控制。其应用领域包括智能工业、智能农业、智能物流、智能交通、智能安防、智能医疗等。

二、网关编程

本任务使用的是智嵌物联网综合网关，它具有脚本配置功能，并且提供了丰富的脚本函数（采用 Lua 语言），具有使用方便、功能扩展灵活、应用范围广等优势。

物联网综合网关提供了 8 路 16 位高精度 AD 采样、4 路继电器控制、4 路开关量采集器、4 路 RS-232 和 3 路 RS-485 通信端口。

物联网综合网关使用 Lua 语言，这是一种动态语言。其中，值的基本类型有以下几种。

① boolean（布尔类型）。
② number（数字类型）。
③ string（字符串类型）。
④ function（函数类型）。
⑤ userdata（自定义类型）。
⑥ thread（线程类型）。
⑦ table（表类型）。
⑧ nil（空类型）。

Lua 语言中定义的名字（标识符）可以是任何非数字开头的由字母、数字、下画线组成的字符串。Lua 语言中的关键字见表 3-3-2。

表 3-3-2　Lua 语言中的关键字

and	break	do	else	elseif	end	false
for	function	if	in	local	nil	not
or	repeat	return	then	true	until	while

Lua 语言中的特殊字符见表 3-3-3。

表 3-3-3　Lua 语言中的特殊字符

+	–	*	/	%	^	#	==
～=	<=	>=	<	>	=	(	)
{	}	[	]	;		,	

任务实施

一、工作任务与分工表

工作任务与分工表见表 3-3-4。

表 3-3-4　工作任务与分工表

工 作 任 务	具体任务描述	具 体 分 工
设备安装	将相关设备按照安装位置图固定在实训架的指定位置上，要求安装稳固、美观大方 通过自主学习完成任务中的练习题	
线路连接	所有线路连接正确，不存在短路、断路的情况，安装顺利，布置恰当 正确连接路由器、电脑、移动终端等设备 通过自主学习完成任务中的练习题	
网络搭建	进入路由器设置界面，正确设置。设置路由器的WiFi，使移动设备可以接入路由器 通过自主学习完成任务中的练习题	
设备调试	在移动终端上安装"智嵌云控"APP 在"智嵌云控"APP中添加相关设备 为APP中的灯光开关按钮学习RF433编码 通过自主学习完成APP界面的制作	
其他	做到安全用电，遵循先测试再通电的原则 线路连接符合规范 安装过程中保持环境整洁，不乱丢工具、设备、线材 安装过程中不大声喧哗，不随意走动 安装过程中未出现工具、设备掉落等情况	

二、实施步骤

1. 设备安装与布线

步骤 1　安装各设备，保证设备安装牢固、横平竖直。

步骤 2　触摸开关连线（参考项目 1 任务 1）。

（a）将红色电源线插入触摸开关的正极 L 接线柱，黑色电源线插入触摸开关的负极 N 接线柱，然后用螺丝刀拧紧接线柱螺钉。

（b）将电源线的另一端连接至三极电源插头，遵循左零右火的原则。

步骤 3　灯泡底座连线。将灯泡底座的两个端子分别用红、黑电源线连接至触摸开关的 N 端口（黑色线）和 L1 端口（L1 代表第一个开关，用红色线连接）。

步骤 4　将 12V 红色电源线插入人体感应传感器的 12V 端口，黑色电源线分别插入人体感应传感器的 GND、ALARM 和 TAMPER 端口，剩下的两个端口接防拆信号线和感应信号线，如图 3-3-3 和图 3-3-4 所示。

图 3-3-3　人体感应传感器

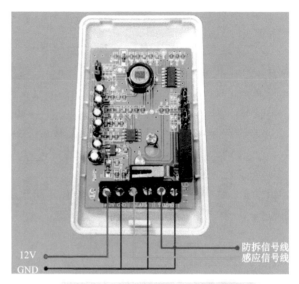

12V
GND

防拆信号线
感应信号线

图 3-3-4　人体感应传感器接线图

步骤 5　连接可调光 LED 灯和八路开关（参考项目 3 任务 2）。将 12V 红色电源线与黑色电源线连接至八路开关，将可调光 LED 灯适配器上的三相插头连接至 220V 电源，把可调光 LED 灯适配器上的红色与黑色调光线连接到八路开关的正负端口。

步骤 6　连接光照度传感器（参考项目 3 任务 2）。

（a）查看光照度传感器背面的线路连接说明。

（b）按照说明连接好光照度传感器。

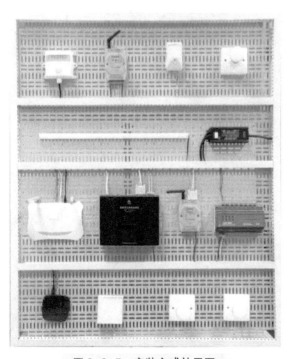

图 3-3-5　安装完成效果图

步骤 7　完成布线后，用万用表测试线路是否短路、断路。

步骤 8　确认线路正确后，安装灯泡，接通电源，按触摸开关 a 按键，能正常开关灯；按八路开关按键，能正常开关灯，则表明任务完成。安装完成效果图如图 3-3-5 所示。

2.　网络搭建

步骤 1　设备固定与连线。

（a）将综合网关、智嵌云控网关与路由器固定在实训墙上，为各设备接通电源。

（b）用两条网线分别连接综合网关和智嵌云控网关的网络接口到路由器的 LAN 口。

（c）用一条网线连接路由器的 LAN 口和电脑。

步骤 2 网关配置。

（a）网关重启时，网关的 LCD 显示屏上会显示其网络信息，记录网关的 IP 地址和端口。

（b）打开网关配置工具，选择"运行"→"上传配置到本地"。根据提示输入上一步得知的网关 IP 地址，如果能成功获取信息，则说明通信正常。

步骤 3 自主学习完成以下内容。

（a）网关与 Zigbee 主机之间用 _____ 通信协议中的 RS-485 通信。

（b）网关与 _____、_____ 直接用 RS-485 通信。

（c）智嵌云控与 RF 触摸开关之间通过 _____ 通信方式通信。

3. Zigbee 设备配置

步骤 1 连接好 Zigbee 设备的电源线，将天线和 RS-232 串口线连接好，具体连线图如图 3-3-6 所示。

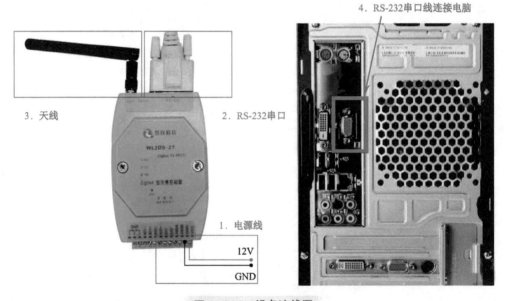

图 3-3-6 设备连线图

步骤 2 安装调试软件。

（a）打开 ZigBee 调试工具安装文件，如图 3-3-7 所示。

图 3-3-7 打开文件

（b）进行安装设置，如图 3-3-8 和图 3-3-9 所示。

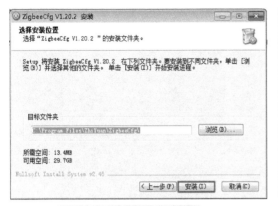

图3-3-8 进行安装设置

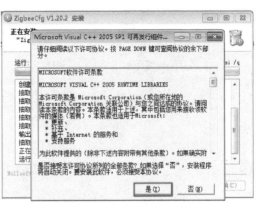

图3-3-9 安装设置

（c）完成软件安装，如图3-3-10所示。

步骤3 调试。

（a）打开调试工具。

（b）如图3-3-11所示，设置串口的波特率为"9600"，单击"重新扫描"按钮获取串口，再单击"打开串口"按钮来打开相应串口。

（c）打开串口成功后会显示相应的提示信息，如图3-3-12所示。

图3-3-10 完成安装

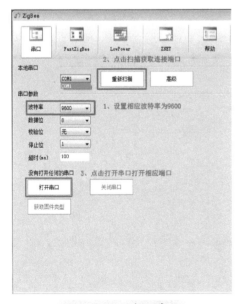

图3-3-11 打开串口

图3-3-12 操作成功

（d）单击顶部的"FastZigbee"图标，打开图3-3-13所示的设置界面。

（e）单击"获取信息"按钮，获取成功后会弹出相应的提示对话框，如图3-3-14和图3-3-15所示。

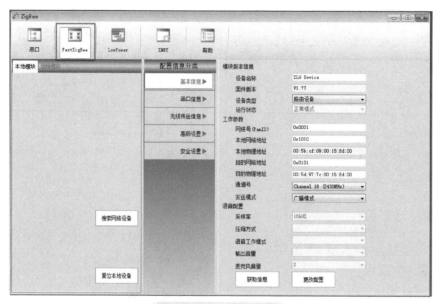

图 3-3-13　设置界面

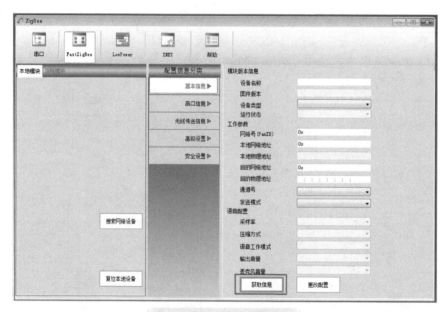

图 3-3-14　获取设备信息

　　（f）获取设备信息后，要对网络号、本地网络地址、目的网络地址和通道号进行修改（图 3-3-16）。

　　网络号：需要进行通信的 Zigbee 设备网络号必须一致，否则不能通信。

　　通道号：需要进行通信的 Zigbee 必须在同一个通道，否则不能通信。

　　本地网络地址：可以随意设置（如果设置的 Zigbee 设备要作为路由使用，则本地网络地址为所有终端的目的网络地址）。

　　目的网络地址：如果设置的 Zigbee 设备为终端，则目的网络地址为对应路由 Zigbee 设备的本地网络地址；如果设置的 Zigbee 设备为路由，则目的网络地址为自己的本地网络地址。

提示：Zigbee 设备一般分为两种，即路由（协调器）与终端。终端负责采集数据并向路由发送数据，终端可以有多个，但路由只能有一个。

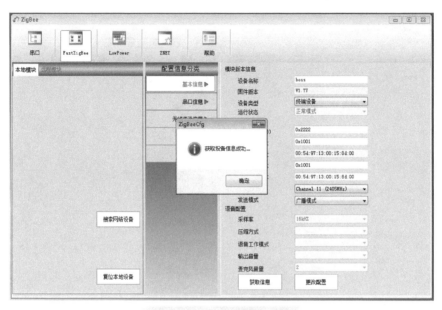

图 3-3-15　获取信息成功

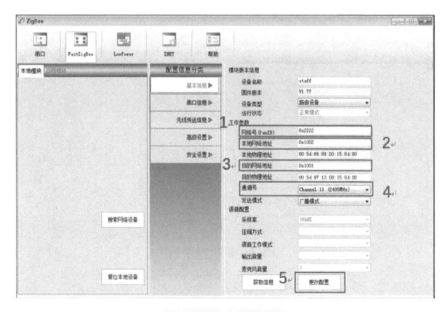

图 3-3-16　参数设置

步骤 4　配对设置。

（a）选择"远程模块"，单击左下方的"搜索设备"按钮，弹出一个对话框，勾选所有选项后单击"搜索"按钮，如图 3-3-17 所示。

（b）搜索成功后会在对话框下方显示搜索到的设备的网络号、本地 ID 等信息，单击

"退出"按钮，如图 3-3-18 所示。

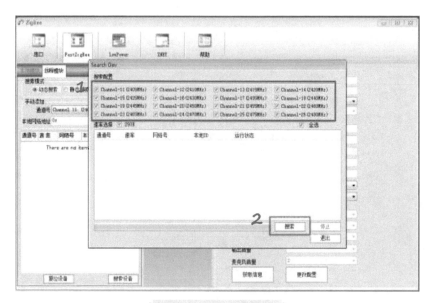

图 3-3-17 搜索设备

图 3-3-18 搜索成功

（c）仔细查看搜索到的设备的具体信息，确认无误后，Zigbee 设备的调试就完成了（图 3-3-19）。

4. 设备安装情况测试

步骤 1 导入网关 Demo 代码，代码从本书资源库中获取。

步骤 2 将 Lua 代码上传到网关。

步骤 3 使用智嵌 Web 测试工具对灯进行调光。

步骤 4 通过 Zigbee 设备控制开关灯。

图 3-3-19 查看信息

照明系统控制界面的设计与实现

任务描述

根据项目方案与设计示意图，本任务将通过 IIS 部署已有的文件，建立控制界面，要求能获取数据、进行控制。本任务将在任务 3 的基础上进行部署和设计。

任务要求

在 IIS 中完成 Demo 文件的部署。

完成网关编程，使用示例代码进行数据判断，实现人体感应的自动模式。

完成对 JavaScript 插件的引用，利用 Demo 文件中的函数进行开关控制和数据获取。

完成控制界面的制作。

任务目标

了解系统的运行原理与数据的处理过程。

能灵活运用 JavaScript 插件，能正确调用函数。

设计控制界面，做到美观大方。

知识链接

一、HTTP

HTTP 是一个面向对象的应用层协议，适用于分布式超媒体信息系统。它于 1990 年提出，目前使用的版本是 HTTP/1.0 和 HTTP/1.1，而 HTTP-NG（Next Generation of HTTP）已被提出。HTTP 请求响应过程如图 3-4-1 所示。

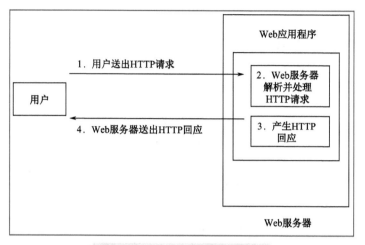

图 3-4-1　HTTP 请求响应过程

HTTP 的主要特点可概括如下。

（1）支持"客户—服务器"模式。

（2）简单快速。客户向服务器请求服务时，只需传送请求方法和路径。请求方法常用的有 GET、HEAD、POST。每种方法规定了客户与服务器联系的不同类型。该协议很简单，因此 HTTP 服务器的程序规模小，通信速度很快。

（3）灵活。HTTP 允许传输任意类型的数据对象。正在传输的类型由 Content-Type 加以标记。

（4）无连接。无连接的含义是限制每次连接只处理一个请求。服务器处理完客户的请求，并收到客户的应答后，即断开连接。采用这种方式可以节省传输时间。

（5）无状态。HTTP 是无状态协议。无状态是指协议对于事务处理没有记忆能力。无状态意味着如果后续处理需要前面的信息，则它必须重传，这样可能导致每次连接传送的数据量增大。另一方面，在服务器不需要先前信息时，它的应答就较快。

二、JSON

JSON（JavaScript Object Notation）是一种轻量级的数据交换格式。简单地说，JSON 可以将 JavaScript 对象中表示的一组数据转换为字符串，然后就可以在函数之间轻松地传递这个字符串，或者在异步应用程序中将字符串从 Web 客户机传递给服务器端程序。这个字符串看起来有点儿古怪，但是 JavaScript 很容易解释它，而且 JSON 可以表示比名称 / 值对更复杂的结构。JSON 语法是 JavaScript 对象表示法语法的子集。

JSON 值可以是数字（整数或浮点数）、字符串（在双引号中）、逻辑值（true 或 false）、数组（在方括号中）、对象（在花括号中）、null。JSON 对象如图 3-4-2 所示。JSON 数组如图 3-4-3 所示。

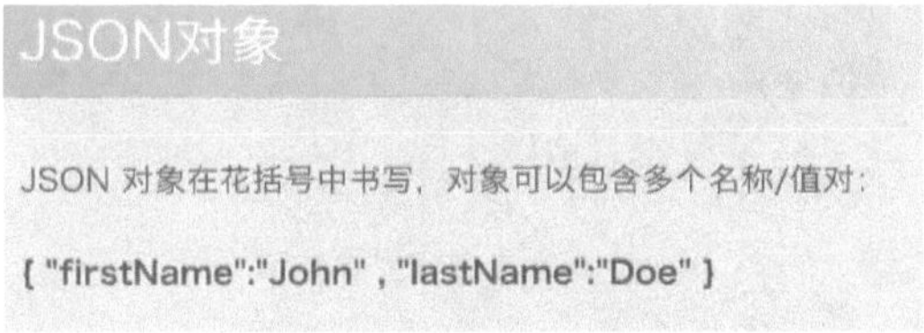

JSON数组

JSON 数组在方括号中书写，数组可包含多个对象：
{
    "employees": [
        { "firstName":"John" , "lastName":"Doe" },
        { "firstName":"Anna" , "lastName":"Smith" },
        { "firstName":"Peter" , "lastName":"Jones" }
    ]
}

JSON对象

JSON 对象在花括号中书写，对象可以包含多个名称/值对：

{ "firstName":"John" , "lastName":"Doe" }

图 3-4-2　JSON 对象 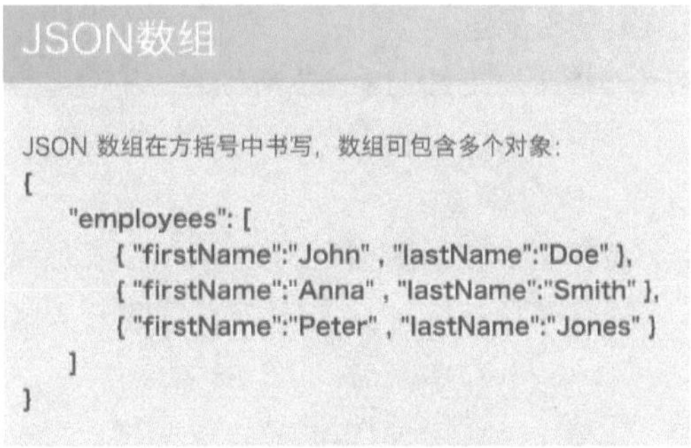　　　　　　　图 3-4-3　JSON 数组

任务实施

一、工作任务与分工表

工作任务与分工表见表 3-4-1。

表 3-4-1　工作任务与分工表

工 作 任 务	具体任务描述	具 体 分 工
设备安装	将相关设备按照安装位置图固定在实训架的指定位置上，要求安装稳固、美观大方 通过自主学习完成任务中的练习题	
线路连接	所有线路连接正确，不存在短路、断路的情况，安装顺利，布置恰当 正确连接路由器、电脑、移动终端等设备 通过自主学习完成任务中的练习题	
网络搭建	进入路由器设置界面，正确设置。设置路由器的WiFi，使移动设备可以接入路由器 通过自主学习完成任务中的练习题	
设备调试	在移动终端上安装"智嵌云控"APP 在"智嵌云控"APP中添加相关设备 为APP中的灯光开关按钮学习RF433编码 通过自主学习完成APP界面的制作	
其他	做到安全用电，遵循先测试再通电的原则 线路连接符合规范 安装过程中保持环境整洁，不乱丢工具、设备、线材 安装过程中不大声喧哗，不随意走动 安装过程中未出现工具、设备掉落等情况	

二、实施步骤

1. 网络搭建

步骤1　完成路由器设置（参考项目 1 任务 1）。

步骤2　将路由器的 WiFi 名称设为"LD+组号"。

步骤3　用手机连上路由器的 WiFi。

2. IIS 配置

步骤 1 安装 IIS（参考项目 2 任务 4）。

步骤 2 引用指定文件（项目 3 的 Demo 文件）。

3. 软件调试

步骤 1 安装智嵌云控软件（参考项目 1 任务 1）。

步骤 2 在反馈界面中控制灯的开关（参考项目 1 任务 1）。

4. JavaScript 插件的使用

步骤 1 引用插件。

（a）创建一个 HTML 网页，在网页 head 部分引用插件 lot.js（该插件要在 jQuery 的基础上使用），如图 3-4-4 所示。

```html
<head>
<meta http-equiv="Content-Type" content="text/html; charset=utf-8"/>
    <title>Index</title>
    <meta charset="utf-8" />
    <script type="text/javascript" src="js/jquery.min.js"></script>
    <script type="text/javascript" src="js/lot.js"></script>
</head>
```

图 3-4-4 HTML 代码

（b）如图 3-4-5 所示，在尾部新建一个 script 标签，引用 $.Server() 函数，此函数用来设置网关 IP，输入一个正确的网关 IP 才能获取和控制，如 "http://192.168.1.80"。

图 3-4-5 创建一个 script 标签

步骤 2 获取数据。

（a）如图 3-4-6 所示，新建一个 div 标签，添加 id，id 名可以自定义。

```html
<body>
    <div id="d1"></div>
</body>
```

图 3-4-6 新建 div 标签

（b）在 script 标签内调用 $.GetData() 函数，此函数是回调函数，可以返回获取的网关数据（data），返回的数据格式为 JSON，只要输入键值就可以获取值，具体代码如图 3-4-7 所示。界面效果如图 3-4-8 所示。

（c）除了以上方法，还有一种方法可以获取数据，并且能生成列表。在 script 标签内调用 $.fn.CreateList() 函数，该函数须输入一个 JSON 参数，JSON 的键值为在列表里显示数据的提示（列表内显示的数据量取决于参数中 JSON 元素的数量），键值所对应的值为网关变量名，具体代码如图 3-4-9 所示。相应的效果图如图 3-4-10 所示。

```
<script>
    $.Server("http://192.168.4.11:8080")
    $.GetData(function (data) {
        $("#light").html("光照: " + data["light"] + "lx")

        if (data["person"]==0) {
            $("#person").html("人体: 无人")
        } else {
            $("#person").html("人体: 有人")
        }
    })
</script>
```

此处的键值须输入网关变量名

图 3-4-7　获取数据的代码

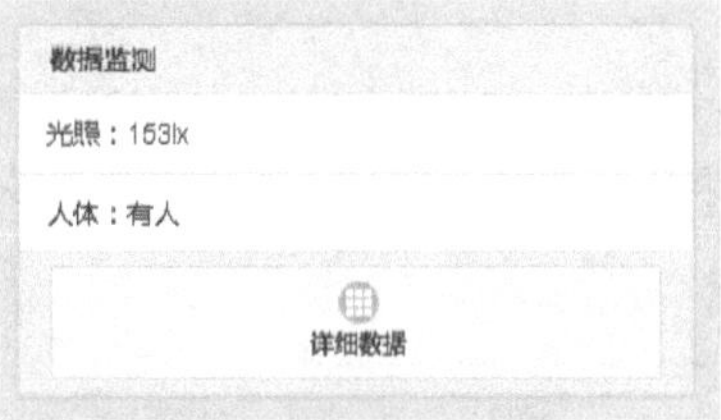

图 3-4-8　界面效果

```
<script>
    $.Server("http://192.168.4.11:8080")
    $("#DataList").CreateList({ "光照": "light", "人体": "person" })
</script>
```

此处为网关变量名

图 3-4-9　获取数据的代码

步骤 3　开关控制。

（a）新建一个 img 标签，并赋予其 id，如图 3-4-11 所示。

（b）在 script 标签中调用 $.fn.Ctrl() 函数，该函数可以控制开关，须输入一个参数，该参数为想要控制的设备的网关变量名，如图 3-4-12 所示。开关控制效果图如图 3-4-13 所示。

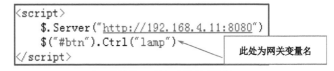

图 3-4-10　获取数据效果图

```
<body>
    <img id="btn" />
</body>
```

图 3-4-11　新建 img 标签

```
<script>
    $.Server("http://192.168.4.11:8080")
    $("#btn").Ctrl("lamp")
</script>
```

此处为网关变量名

图 3-4-12　开关控制代码

步骤 4　调光设置。

（a）新建一个 div 标签，并赋予其 id，如图 3-4-14 所示。

图 3-4-13　开关控制效果图

```
<body>
    <div id="Dimming"></div>
</body>
```

图 3-4-14　新建 div 标签

101

（b）在 script 标签中调用 \$.fn.Dimming() 函数，该函数可以控制可调光 LED 灯的亮度，须输入一个参数，该参数为可调光 LED 灯的网关变量名，如图 3-4-15 和图 3-4-16 所示。

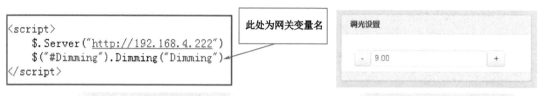

图 3-4-15　调光设置代码　　　　　　　　　图 3-4-16　调光设置界面

步骤 5　设置自动模式。

（a）插件中的 \$.Post() 函数可以更改网关变量的值，该函数有两个参数，第一个参数为需要更改的网关变量的变量名，第二个参数为该变量更改后的值，如图 3-4-17 所示。

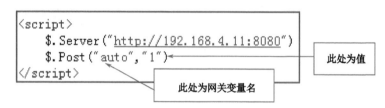

图 3-4-17　相关代码

（b）在设置自动模式时要使用上述函数，将自动模式的网关变量名作为第一个参数，将开启自动模式的值作为第二个参数。完成后的效果图如图 3-4-18 所示。

步骤 6　自主学习完成以下内容。

（a）HTTP 用于传送 WWW 数据。在 WWW 中，"客户"与"服务器"是两个相对的概念，只存在于一个特定的连接期间，即某个连接中的客户在另一个连接中可能作为服务器。基于 HTTP 的"客户—服务器"模式的信息交换过程包括：＿＿＿＿、＿＿＿＿、＿＿＿＿、

＿＿＿＿。

（b）响应式网页的优势包括：＿＿＿＿、＿＿＿＿、

＿＿＿＿。

（c）知名的响应式前端框架有 ＿＿＿＿、＿＿＿＿、

＿＿＿＿。

步骤 7　引用 Iot.js 插件，重新制作一个属于自己的控制界面。

图 3-4-18　完成后的效果图

智能电力监控系统的安装与调试

工作情景 ●●●●●●

王先生在某家具市场旁经营一家酒店式公寓，因为家具市场从业人员非常多，加上公寓地段好，所以生意非常好，1980 套公寓经常处于爆满状态。然而大量的租约也带来了很多不便之处，其中电费的收缴就非常麻烦。租期和用电量不固定，采用人工抄表，加上公寓客户服务中心和各栋公寓之间有一定距离，抄表时跑来跑去费时费力。

张经理得知这一情况后，马上安排士郎与客户王先生联系，要求士郎为王先生设计一套智能电力监控系统，解决王先生的难题。小哀负责工程安装，张经理提醒小哀在安装的过程中要做到施工安全、效果美观，并与客户保持良好的沟通。安装完成后，还要向客户王先生进行功能介绍和使用说明。

项目描述 ●●●●●●

客户沟通

士郎接到任务后，与王先生取得了联系，前往公寓实地考察。士郎与王先生的对话如下。

士　郎：王先生，您好！我是 ×× 公司的售前工程师，很高兴为您服务！

王先生：士郎，你好！

士　郎：听说您正为抄表的事烦恼，我司正好有一套电力监控系统，可以帮您解决烦恼。

王先生：你也看到了，我这里有 10 栋 1980 套公寓，管理起来压力很大。住户基本都是在家具市场工作，人员流动性还是比较大的。电费是月结的，签约和解约时也要抄表，供电局只给每栋楼安装了一个总表，所以每次抄表都跑来跑去，非常麻烦！

士　郎：针对您这种情况，我们公司会为您定做一套智能电力监控系统，使您足不出户就能完成抄表和电费计算，以后再也不会出现跑来跑去抄表的情况了。

王先生：那这套系统大概要多少钱？

士　郎：按照你们 1980 套公寓来计算，整个系统大概需要 100 万元。

王先生：那你们施工需要多长时间？

士　郎：我们会多安排人手，争取 3 ～ 5 天完成整个系统的升级改造，不会影响用户用电的。

王先生：那就好，什么时候可以施工？

士　郎：合同签订当天就能施工了。

王先生：我对你们的智能电力监控系统完全不了解，万一不符合要求怎么办？

士　郎：王老板，这个您就百分百放心！我回去把方案设计好。同时针对您的疑虑，我明天带一个样品过来演示给您看，这样您就能直观地了解电力监控系统的工作原理，使用起来也就更放心了。

王先生：好的！那明天下午你来我办公室找我。

士　郎：好的，明天见！

方案制订

根据客户的要求，士郎制订了智能电力监控系统设计方案，见表4-0-1。

表4-0-1　智能电力监控系统设计方案

客户情况简介					
客户姓名	王××	电　话	138××××××××	地　址	××公寓
资金预算	100万元	设计人	士　郎	日　期	2017年8月20日

客户情况描述：

王先生经营一家酒店式公寓，因为租期和用电量不固定，加上公寓客服中心和各公寓之间有一定距离，抄表时跑来跑去费时费力。而且1980套公寓经常处于爆满状态，大量的租约给电费的收缴带来了很大麻烦。王先生希望在不影响租户生活的前提下，完成电网的升级改造

客户需求分析：

实现远程抄表、自动计费、智能监控、远程控制

总体方案描述
1．根据客户的需求、场地实际情况及资金预算，引入物联网网关并连入云平台
2．将原有的闸刀开关更换为断路器
3．将原来的机械式电表更换为智能电表
4．安装断电传感器
5．安装继电器，实现远程供电控制
6．电表数据传输采用中国移动物联卡GPRS网络
7．通过电脑、手机、平板电脑实现读表、计费、控制等功能
8．设备安装和布线做到规范、美观

设备与材料清单		
设备或材料名称	数　量	品　牌
物联网综合网关	10	智嵌
中国移动物联卡	10	中国移动
4DI4DO数据采集器	495	智嵌
智能电表	1980	华邦
小型断路器	1980	正泰
断电传感器	1980	正泰
220V继电器	1980	正泰

续表

设备或材料名称	数　量	品　牌
接线端子600V/45A/12P	990	正泰
配电箱	1980	FSL
线缆及其他耗材	若干	正泰

士郎根据设计方案绘制了智能电力监控系统拓扑图，如图 4-0-1 所示。

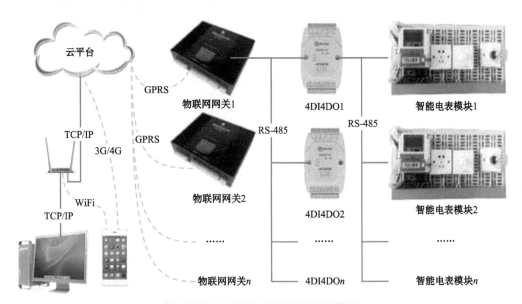

图 4-0-1　智能电力监控系统拓扑图

3. 派工分配

士郎将设计方案及图纸转交给了工程部，工程部经理制作了派工单（表 4-0-2），并将任务转给小哀具体负责实施。

表 4-0-2　派工单

客户名称	××公寓	联系人	王先生	联系电话	138××××××××
施工地点	××大道南××公寓	派出工程师	小　哀	派工时间	2017-08-25
工作内容	安装与调试智能电力监控系统，包含远程抄表、安防监控、开关控制等功能				
工作要求	严格按照安装、连线、测试、调试的步骤实施，保证设备运行正常、稳定 施工规范，操作安全，布线合理、美观、牢固 施工完成后，向客户介绍设备的使用方法 展示良好的公司形象，做到服务热情，与客户保持良好沟通，确保客户满意				
注意事项	公寓的电力系统属于升级改造，因此要尽量减少施工对租户生活的影响				
预计工时	40工时	开工时间		实际完工时间	
客户填写部分					
效果评价					
验收结果		客户签字			

小哀接到派工单后，将任务具体分解如下。

任务 1：智能电表的安装与调试。

任务 2：网关控制脚本编程。

任务 3：物联网云平台初探。

任务 4：物联网云平台远程监控系统的设计与实现。

任务 1 智能电表的安装与调试

任务描述

根据项目方案，本任务将对项目中的智能电力监控系统进行安装与调试，实现远程抄表和远程灯光控制。

根据系统拓扑图，列出本任务需要用到的设备与材料清单，见表 4-1-1。

表 4-1-1 设备与材料清单

设备或材料名称	数 量	备 注
物联网综合网关	1	智嵌
中国移动物联卡	1	—
智能电表	1	DDZY866
4DI4DO数据采集器	1	—
小型断路器	1	CHNT NXB-63 C25
断电传感器	1	—
继电器	1	—
调光开关	1	—
灯座、灯泡	1	—
8位接线座	1	—
底板	1	—
路由器	1	—
配电箱	1	—
线槽	1	—
工具	若干	—
网线、电源线	若干	电源线横截面积不小于1mm^2

工具与设备如图 4-1-1 所示。

任务要求

完成智能电力监控系统设备的安装。

完成智能电力监控系统各类线缆的连接。

完成物联网网关的安装与连接。

完成局域网的搭建。

遵守电工操作规范，设备安装与布线做到美观牢固、横平竖直。

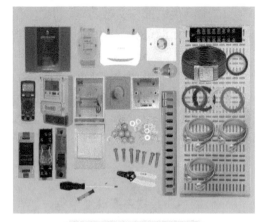

任务目标

了解智能电表的概念和分类。

能动手安装智能电表。

会搭建典型的家庭和办公网络。

会使用万用表检测线路是否正确连接。

图 4-1-1 工具与设备

知识链接

一、智能电表

1. 智能电表的定义

智能电表是智能电网的智能终端。智能电表除了具备传统电表的用电量计量功能以外，还具有用电信息存储功能、双向多种费率计量功能、用户端控制功能、多种数据传输模式的双向数据通信功能、防窃电功能等智能化功能。智能电表代表着节能型智能电网最终用户智能化终端的发展方向。

2. 智能电表的分类

智能电表从结构上可分为机电一体式和全电子式。

（1）机电一体式即在原来的机械式电表上附加一定的部件，使其既能提供所需功能，又可降低造价，且易于安装。一般而言，设计方案是在不破坏现行计量表原有物理结构，不改变其国家计量标准的基础上加装传感装置，在机械计度的同时输出电脉冲，其计量精度一般不低于机械式电表。这种设计方案采用原有感应式电表的成熟技术，多用于老表改造。

（2）全电子式则从计量到数据处理都采用以集成电路为核心的电子元器件，从而取消了电表上长期使用的机械部件。与机电一体式电表相比，其具有电表体积减小、可靠性增加、更加精确、耗电减少、生产工艺大大改善等优越性。全电子式电表最终会取代带有机械部件的电表。

智能电表按抄表方式可分为 IC 卡式和远程抄表式（图 4-1-2）。

（1）IC 卡式智能电表需要用

图 4-1-2　IC 卡式智能电表（左）和远程抄表式智能电表（右）

户持 IC 卡到供电部门交款购电，供电部门用售电管理机将购电量写入 IC 卡中，用户在感应区刷 IC 卡，即可合闸供电，供电后将卡拿走。当表内剩余电量等于报警电量时，自动拉闸断电报警（或蜂鸣器报警），此时用户在感应区刷卡即可恢复供电；当剩余电量为零时，自动拉闸断电，用户必须再次持卡交费购电，才可以恢复用电。

（2）远程抄表式智能电表则通过 M-Bus、GPRS、Internet、电话线、无线、市电等传输方式，实现银行及网络供电，用户可通过电力公司营业窗口、合作银行、第三方代售电机构及网络进行购电，极大地方便了用户。

二、配电箱布线技巧

正确的线路布置方案既能节省时间又能节省线材，因此有必要掌握一定的布线技巧。

（1）低压配电室的位置应靠近负荷中心，设置在尘埃少、腐蚀介质少、干燥和振动轻微的地方，并宜适当留有发展余地。

（2）低压配电室配电设备的布置必须遵循安全、可靠、适用和经济等原则，并应便于安装、操作、搬运、检修、试验和监测。位于同一房间内的高压电气设备及低压电气设备之间、成排布置的配电柜之间必须留有适当的距离和通道出口。布置配电设备时应采取必要的安全措施，如有危险电位的裸带电体应加遮护物或置于人的伸臂范围之外。当采用遮护物和外罩有困难时，可采用阻挡物进行保护。

（3）配电线路的布置应符合场所环境和建筑物的特征，还要注意人与布线之间可接近的程度、短路可能导致的机电应力、在安装期间或运行中布线可能遭受的其他应力和导线的自重。

（4）配电线路的布置应避免外部环境的影响，如外部热源产生的热效应的影响、使用过程中因水的浸入或因进入固体物而带来的损害、外部机械性损害带来的影响、灰尘聚集在线路上所带来的影响、强烈的日光辐射带来的损害等。

配电箱布线如图 4-1-3 所示。

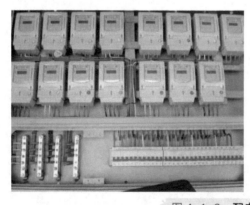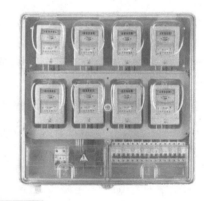

图 4-1-3　配电箱布线

任务实施

一、工作任务与分工表

工作任务与分工表见表 4-1-2。

表 4-1-2　工作任务与分工表

工作任务	具体任务描述	具体分工
设备安装	按照安装位置图安装好设备，要求安装稳固、美观大方 将小配电箱、电表、调光开关、灯座、灯泡、接线端子安装到底板上 将小型断路器、断电传感器、220V继电器安装到小配电箱内 通过自主学习完成任务中的练习题	
线路连接	用220V电源线正确连接断路器、电表、继电器、断电传感器、调光开关、灯座 用12V电源线正确连接网关、4DI4DO数据采集器、接线端子、继电器 用信号线正确连接网关、4DI4DO数据采集器、接线端子、电表、继电器、断电传感器 正确连接路由器、电脑、移动终端等设备	
设备调试	使用万用表检查所有线路，保证线路连接正确，不存在短路、断路的情况	
网络搭建	通过自主学习，进入路由器设置界面，正确设置，使路由器可以接入Internet。设置路由器的WiFi，使移动设备可以接入路由器	
其他	做到安全用电，遵循先测试再通电的原则 线路连接符合规范 安装过程中保持环境整洁，不乱丢工具、设备、线材 安装过程中不大声喧哗，不随意走动 安装过程中未出现工具、设备掉落等情况	

二、实施步骤

1．设备安装与布线

步骤1　把小配电箱、智能电表、调光开关底座、灯座、接线座和线槽按图 4-1-4 所示安装在底板上，注意线路横平竖直。

步骤2　把供电电源的火线接到小型断路器上，轻拉卡扣，把小型断路器安装在小配电箱里铁片的最左方。

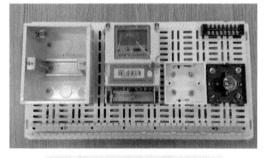

图 4-1-4　把设备安装在底板上

步骤3　智能电表的连接（图 4-1-5）。

（a）拧开智能电表下方透明保护盖上的螺钉，掀起透明保护盖，取下浅蓝色的保护片。

（b）把供电电源的零线接到智能电表接线口 3 上。

（c）用红色电源线连接小型断路器下方的接电口和智能电表接线口 1。

（d）用绿色信号线连接智能电表 485 接线口 A 和接线座接线口 6。

（e）用紫色信号线连接智能电表 485 接线口 B 和接线座接线口 7。

步骤4　继电器的连接。

（a）用黑色电源线连接智能电表接线口 4 和继电器接线口 5。

（b）用红色电源线连接智能电表接线口 2 和继电器接线口 8。

（c）用黑色电源线连接继电器接线口 13 和接线座接线口 5。

（d）用红色电源线连接继电器接线口 14 和接线座接线口 4。

步骤5　断电传感器的连接。

（a）用黑色电源线连接继电器接线口 5 和断电传感器接线口 N。

（b）用红色电源线连接继电器接线口 8 和断电传感器接线口 A。

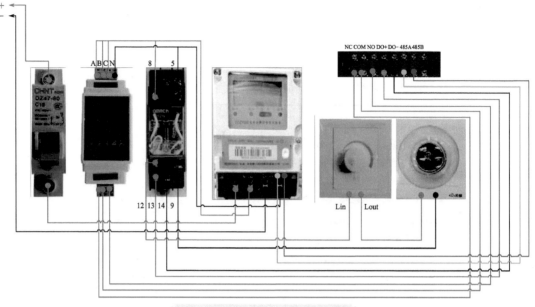

图 4-1-5　智能电表模块连接图

（c）用红色电源线把断电传感器接线口 A、B、C 并联。

（d）用蓝色信号线连接断电传感器接线口 NC 和接线座接线口 1。

（e）用蓝色信号线连接断电传感器接线口 COM 和接线座接线口 2。

（f）用蓝色信号线连接断电传感器接线口 NO 和接线座接线口 3。

（g）轻拉卡扣，把断电传感器安装在小配电箱里铁片的中间位置上。

（h）轻拉卡扣，把继电器安装在小配电箱里铁片的最右方。

步骤 6　调光开关和灯座的连接。

（a）用黑色电源线连接继电器接线口 9 和灯座左边的零线接线口。

（b）用红色电源线连接继电器接线口 12 和调光开关接线口 Lin。

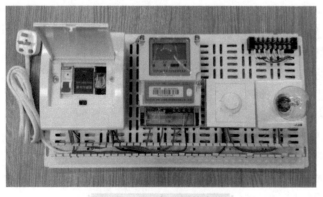

图 4-1-6　安装好的底板

（c）用红色电源线连接调光开关接线口 Lout 和灯座右边的火线接线口。

（d）装好调光开关和灯座的保护盖，把灯泡安装在灯座上。

（e）把底板固定在实训墙上（图 4-1-6）。

步骤 7　4DI4DO 数据采集器的安装与连接（图 4-1-7）。

（a）把 4DI4DO 数据采集器固定在实训墙上。

（b）用蓝色信号线连接 4DI4DO 的 COM 口和接线座接线口 2。

（c）用蓝色信号线连接 4DI4DO 的 DI0 口和接线座接线口 3。

（d）用红色电源线连接 4DI4DO 的 DO0 最左方接线口和接线座接线口 4。

（e）用黑色电源线连接 4DI4DO 的 GND 接线口和接线座接线口 5。

（f）用红色电源线连接 4DI4DO 的 VCC 接线口和 DO0 中间接线口。

（g）用黑色电源线连接 4DI4DO 的 GND 接线口和 12V 电源的 GND 接线口。

（h）用红色电源线连接 4DI4DO 的 VCC 接线口和 12V 电源的 12V 接线口。

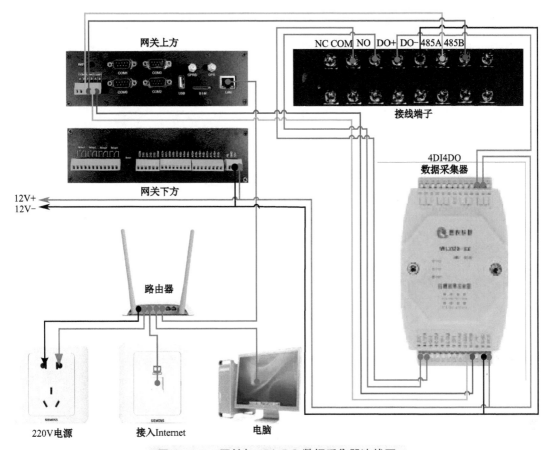

图 4-1-7　网关与 4DI4DO 数据采集器连线图

步骤 8　物联网网关的安装与连接。

（a）将中国移动物联卡插到网关的 SIM 卡槽里，把网关固定在实训墙上。

（b）用绿色信号线连接网关 COM1 的接线口 A 和接线座接线口 6。

（c）用紫色信号线连接网关 COM1 的接线口 B 和接线座接线口 7。

（d）用绿色信号线连接网关 COM2 的接线口 A 和 4DI4DO 数据采集器的接线口 485A。

（e）用紫色信号线连接网关 COM2 的接线口 B 和 4DI4DO 数据采集器的接线口 485B。

（f）用黑色电源线连接网关的 GND 接线口和外接 12V 电源的 GND 接线口。

（g）用红色电源线连接网关的 12V 接线口和外接 12V 电源的 12V 接线口。

步骤 9　网络设备的安装与连接。

（a）把路由器固定在实训墙上。

（b）用网线连接路由器的 WAN 口至接入 Internet 的网络设备接口。

（c）连接路由器的 LAN1 口至网关 LAN 口。

（d）连接路由器的 LAN2 口和电脑。

2．设备调试

步骤1 调整万用表至通断挡。

步骤2 按图 4-1-5、图 4-1-7 检测电源线和信号线是否处于导通状态。

步骤3 线路检查无误后，为小型断路器、物联网网关和路由器接通电源，检查各设备状态是否正常。

3．网络搭建

通过查看路由器说明书、小组讨论、上网检索，搭建好网络，使路由器、电脑和网关都处于 192.168.1.×××网段。

任务 **2** 网关控制脚本编程

任务要求

完成网关脚本的编写，使网关能正确读出各设备的数据。

完成网关脚本的调试，使用 TCP&UDP 测试软件控制灯光亮灭。

遵守电工操作规范，设备安装与布线做到美观牢固、横平竖直。

任务目标

掌握函数 dlt645_07_read()、set_device_addr()、uart_send_str()、uart_read_str() 的使用方法。

能根据网关提示的错误信息修正错误的脚本。

会使用 TCP&UDP 测试软件控制灯光亮灭。

知识链接

本项目要实现三大功能，一是通过网关获得电表的数据，二是通过网关和 4DI4DO 数据采集器获得断电传感器的状态数据，三是通过网关和 4DI4DO 数据采集器控制灯光亮灭。这些功能涉及 dlt645_07_read()、set_device_addr()、uart_send_str()、uart_read_str() 四个函数。

一、网关对智能电表的操作函数

使用智能电表须配置网关的串口，本项目中选用串口 1，将通信波特率设置为 2400，校验方式设置为偶校验，数据位设置为 8，停止位设置为 1。使用函数 sys_set_com() 设置即可。

网关对智能电表的操作函数是 dlt645_07_read()，其详细用法见表 4-2-1。

表 4-2-1 函数 dlt645_07_read() 的用法

参　　数	类　　型	说　　明
com	int	0、1、2、3分别对应网关的串口0～3
dev_id	char*	电表ID号，12字节，不足应补0，如000000121130
code	char*	要读取信息的功能码 02010100—A相电压值 02010200—B相电压值 02020100—A相电流值 02020200—B相电流值 02060000—总功率因数 00010000—正向有功总量 更多功能代码请查阅dlt645-2007协议文档
返回值	int	功能码对应数值
备注		调用dlt645_07_read()函数前，应先调用sys_set_com()函数配置串口

示例代码：将编号为000000121130的电表连接至串口COM1，读取当前电流值

```
sys_set_com(1,2400,"even",8,1);
curent = dlt645_07_read(1,"000000121130","02020100");
```

智能电表及电表 ID 号如图 4-2-1 所示。

观察下发的智能电表，查找其 ID 号，并完成下列代码。

网关读取电表的电流值：

```
curent = dlt645_07_read(1,"____",
"_____");
```

网关读取电表的电压值：

```
val = dlt645_07_read(1,"_____",
"_____");
```

网关读取电表的总功率因数：

```
power = dlt645_07_read(1,"_____",
"_____");
```

网关读取电表的正向有功总量：

```
kwh = dlt645_07_read(1,"_____","_____");
```

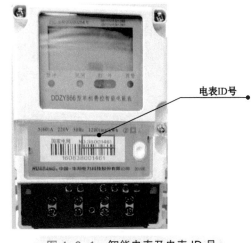

图 4-2-1 智能电表及电表 ID 号

电表ID号

二、网关读取 4DI4DO 数据采集器开关量的函数

本项目的第二个功能是通过 4DI4DO 数据采集器读取断电传感器的状态值。使用 4DI4DO 数据采集器须配置网关的串口和设置模块的地址。

本项目中选用串口 2，将通信波特率设置为 9600，校验方式设置为无，数据位设置为 8，停止位设置为 1。使用函数 sys_set_com() 设置即可。

设置 4DI4DO 数据采集器的模块地址要用到函数 set_device_addr()，其详细用法见表 4-2-2。

表 4-2-2　函数 set_device_addr() 的用法

参　　数	类　　型	说　　明
com	int	0、1、2、3分别对应网关的串口0～3
dev_type	int*	设备类型 0x09—温湿度传感器 0x08—光照度传感器 0x02—PM2.5传感器 0x04—8AI2DI数据采集器 0x06—8UI2DI数据采集器 0x05—4DI4DO数据采集器 0x07—触摸开关模块 0x01—红外伴侣模块
address	char*	要设置的设备地址，0～0xff
返回值	void	
备注		该函数只能驱动智嵌系列模块，注意调用该函数时485串口只能接一个同类设备，否则接在总线上的所有同类设备地址都会被设置

示例代码：把接在485串口COM2上的温湿度传感器地址设置为0x0f

```
set_device_addr(2,0x09,0x0f)
```

　　设置好 4DI4DO 数据采集器地址后，网关就可以通过串口发送或接收数据，对 4DI4DO 数据采集器的数据进行采集与控制。相关函数的详细用法见表 4-2-3 和表 4-2-4。

表 4-2-3　函数 uart_send_str() 的用法

参　　数	类　　型	说　　明
com	int	0、1、2、3分别对应网关的串口0～3
data	char*	发送数据内容
返回值	void	—
备注		使用前先设置串口参数 固件3.10以上版本支持

示例代码：网关串口2发送字符串"uart test"

```
sys_set_com(2,9600,"none",8,1);
uart_send_str(2,"uart test\r\n");
```

表 4-2-4　函数 uart_read_str() 的用法

参　　数	类　　型	说　　明
com	int	0、1、2、3分别对应网关的串口0～3
time	int	延时，单位为ms
返回值	char*	串口数据

续表

参　数	类　型	说　明
备注		使用前先设置串口参数，确保串口返回数据为字符型数据，否则应使用uart_read_hex()函数 固件3.10以上版本支持

示例代码：网关以字符方式读串口2数据，延时1s

```
sys_set_com(2,9600,"none",8,1);
data = uart_read_str(2,1000);
```

DI 状态的获取方法如下。

获取 DI 状态值指令（地址 +GIO）

返回：地址 +IO=1111

例如，获取地址为 0f 的控制板开关状态：0FGIO

如果 4 路 DI 信号检测全部断开，则返回：0FIO=1111

如果 4 路 DI 信号检测全部连通，则返回：0FIO=0000

所以网关获取串口 2 的 4DI4DO 数据采集器模块 DI 状态值指令如下：

```
uart_send_str(2, "0FGIO");
```

网关接收串口 2 返回数据指令如下：

```
data = uart_read_str(2, 1000);
```

根据设备内置的协议，当对 4DI4DO 数据采集器的模块发送控制继电器指令时，会原样返回，即发送"0FS1111"指令，会返回字符串"0FS1111"；而发送获取 4DI4DO 数据采集器模块的 DI 状态值的指令时，会返回地址 +IO=1111（默认 DI 状态值是"1111"），即发送"0FGIO"指令时，会返回字符串"0FIO=1111"，所以要在返回的数据中挑选出 DI 状态值的字符串（根据返回字符串的长度可以区分），然后截取相应的 DI 值。如果没有挑选出 DI 状态值的字符串就截取相应的 DI 值，可能会出错，因为发送控制继电器指令，返回的字符串长度只有 7，而获取 DI2 和 DI3 状态值时要截取第 8 个和第 9 个字符。DI 值的截取程序如下。

```
If string.len(data) > 7 and string.len(data) < 10 then
DI0 = string.sub(data,6,6);-- 获取 DI0 的开关状态
DI1 = string.sub(data,7,7);-- 获取 DI1 的开关状态
DI2 = string.sub(data,8,8);-- 获取 DI2 的开关状态
DI3 = string.sub(data,9,9);-- 获取 DI3 的开关状态
end
```

注意：

```
string.sub（目标字符串，起始位置，长度）-- 获取指定位置长度的字符串函数
string.len（目标字符串）-- 获取字符串的长度
```

三、网关操作继电器的函数

本项目的第三个功能是通过 4DI4DO 数据采集器操作继电器。网关设备连接云平台后，循环判断一个寄存器数值，当前数值为 1 则打开继电器，为 2 则关闭继电器。由于寄存器的数值可以通过设备云远程设置，所以就相当于远程控制继电器开关，从而控制开关灯。

继电器 DO 控制方法如下。

设置继电器打开指令（地址 +S+1111）

返回：原样返回

例如，设置地址为 0F 的控制板开关全部打开：0FS1111

设置继电器关闭指令（地址 +C+1111）

返回：原样返回

例如，设置地址为 0F 的控制板开关全部关闭：0FC1111

网关控制接在串口 2 上的 **4DI4DO** 数据采集器模块继电器的指令如下：

```
uart_send_str(2, "0FS1000");-- 开继电器 DO0
uart_send_str(2, "0FC1000");-- 关继电器 DO0
uart_send_str(2, "0FS0100");-- 开继电器 DO1
uart_send_str(2, "0FC0100");-- 关继电器 DO1
uart_send_str(2, "0FS0010");-- 开继电器 DO2
uart_send_str(2, "0FC0010");-- 关继电器 DO2
uart_send_str(2, "0FS0001");-- 开继电器 DO3
uart_send_str(2, "0FC0001");-- 关继电器 DO3
```

任务实施

一、工作任务与分工表

工作任务与分工表见表 4-2-5。

表 4-2-5　工作任务与分工表

工 作 任 务	具体任务描述	具 体 分 工
网关脚本的编写	掌握内置函数dlt645_07_read()、set_device_addr()、uart_send_str()、uart_read_str()的使用方法 通过网关获得正确的智能电表数据 通过网关和4DI4DO数据采集器获得断电传感器的状态数据 通过网关和4DI4DO数据采集器控制灯光亮灭	
网关脚本的调试	能根据网关提示的错误信息修正错误的脚本 会使用TCP&UDP测试软件控制灯光亮灭	
其他	做到安全用电，遵循先测试再通电的原则 认真学习，勤于思考 保持环境整洁，不大声喧哗，不随意走动	

二、实施步骤

步骤1 接通电源，确认电表、物联网网关、路由器等设备工作正常。

步骤2 设置好网络，保证网络畅通，保证电脑与网关通信正常。

步骤3 设计程序流程图，如图 4-2-2 所示。

步骤4 运行"智嵌物联网综合网关配置器 v2"，编写网关脚本。

（a）初始化网关，代码如下：

```
release();--下载到网关中，使其断电会保存
sys_set_eth0("192.168.1.80","255.255.255.0","192.168.1.1");--设置IP、掩码、网关
sys_set_eth0_dns("192.168.1.1");--设置网络DNS服务器
--设备云IP --设备云端口号--设备ID--设备api-key --上传数据频率，单位为秒
```

```
--设备云IP  --设备云端口号--设备ID--设备api-key --上传数据频率，单位为秒
GPRS_set_cloud("183.230.40.39",876,"10943981","zlUn3IsJjPcObOxK8dMQrut6rq0=",5);
start_web_server(8000); --开启HTTP通信服务，端口为8000
start_modbus_server(502,1); --开启Modbus通信服务
sys_set_com(1,2400,"even",8,1); --初始化COM1，智能电表占用
sys_set_com(2,9600,"none",8,1); --初始化COM2，4DI4DO占用
set_device_addr(2,0x05,0x0f); --设置 4DI4DO 地址为0x0f
```

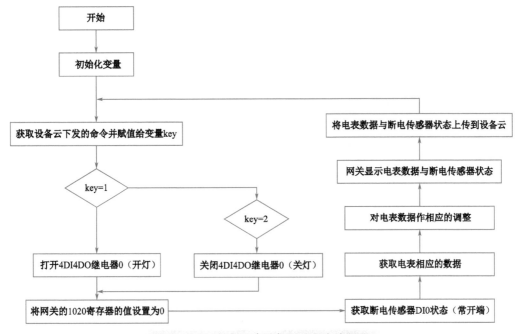

图 4-2-2　智能电力监控系统程序流程图

（b）定义云变量，代码如下：

```
--定义云变量
add_cloud_value("dianliu",1001,"float"); --电流值云变量
add_cloud_value("dianya",1003,"float"); --电压值云变量
add_cloud_value("gonglvyinshu",1005,"float"); --总功率因数云变量
add_cloud_value("gonglv",1007,"float"); --功率云变量
add_cloud_value("youyonggong",1009,"float"); --正向有功总量云变量
add_cloud_value("key",1020,"int"); --开关采集
add_cloud_value("pos",1022,"str"); --断电传感器的状态采集
```

（c）读取云变量 key 的值，控制继电器开关，代码如下：

```
LCD_CLS(0); --清屏
k=1; --初始化变量
while(k>0) do
--读取云变量key的值，控制继电器开关
key=sys_read_register(1020,"int"); --读取网关地址为1020的寄存器数值
if key == 1 then
    uart_send_str(2,"0FS1000"); --向COM2发送指令，打开继电器DO0，灯亮
    sys_write_register(1020,0,"int"); --向网关地址为1020的寄存器写入数值
elseif key == 2 then
    uart_send_str(2,"0FC1000"); --向COM2发送指令，关闭继电器DO0，灯灭
    sys_write_register(1020,0,"int"); --向网关地址为1020的寄存器写入数值
end
```

（d）获取断电传感器状态值，代码如下：

```
uart_send_str(2,"0FGIO"); --发送指令，获取4DI4DO数据采集控制器模块DI状态值
data = uart_read_str(2,1000); --读取COM2返回数据
if string.len(data) > 7 and string.len(data) < 10 then
pos = string.sub(data,6,6); --获取DIO的开关状态值
sys_write_register(1022,pos,"str"); --将获取的断电传感器状态值传到云平台
end
```

117

（e）采集智能电表的数据，代码如下：

```
--采集智能电表的数据，代码如下:
curent=dlt645_07_read(1,"000038001416","02020100");--网关读取电表的电流值
val=dlt645_07_read(1,"000038001416","02010100");--网关读取电表的电压值
power=dlt645_07_read(1,"000038001416","02060000");--网关读取电表的总功率
kwh=dlt645_07_read(1,"000038001416","00010000");--网关读取电表的正向有功总量
```

（f）调整采集到的智能电表数据，代码如下：

```
--调整采集到的智能电表数据
curent=curent/1000;
val=val/10;
power=power/1000;
kwh=kwh/100;
gonglv=curent*val; --功率值公式
```

（g）在网关 LCD 显示屏上显示电表数据与断电传感器状态，代码如下：

```
LCD_CLS(0); --清屏
LCD_DS16(30,10,"智嵌物联网综合网关",10); --网关液晶屏标题
LCD_DS16(30,30,string.format("当前电流:%0.3fA",curent),10); --网关液晶屏显示电流值
LCD_DS16(30,50,string.format("当前电压:%0.1fV",val),10); --显示电压值
LCD_DS16(30,70,string.format("当前总功率:%0.3fkwh",power),10); --显示功率因数
LCD_DS16(30,90,string.format("当前电量:%0.3fkwh",kwh),10); --显示电量
LCD_DS16(30,110,string.format("当前功率:%0.3fW",gonglv),10); --显示功率
LCD_DS16(30,130,string.format("断电传感器状态:%s",pos),10); --显示断电传感器状态
```

（h）将电表数据和传感器状态值上传到设备云，代码如下：

```
sys_write_register(1001,curent,"float");
delay(100);
sys_write_register(1003,val,"float");
delay(100);
sys_write_register(1005,power,"float");
delay(100);
sys_write_register(1007,gonglv,"float");
delay(100);
sys_write_register(1009,kwh,"float");
delay(100);
end
```

（i）保存写好的脚本。

步骤 5　调试脚本

（a）运行"智嵌物联网综合网关配置器 v2"，选择"运行"→"下载配置到网关"，把配置文件烧写到网关上（图 4-2-3）。

图 4-2-3　下载配置文件到网关

（b）运行网络浏览器，输入网址"http://192.168.1.80:8000"，若网关配置正确，会显示图 4-2-4 中的信息。

图 4-2-4　浏览器测试结果

（c）运行 TCP&UDP 测试软件，单击"创建连接"图标，类型设为"TCP"，目标IP 设为"192.168.1.80"，端口设为"8000"，单击"创建"按钮，连接到网关（图4-2-5）。

（d）单击"连接"按钮，在发送区中输入"POST / "，换两行后继续输入"key=1;"（图4-2-6）。

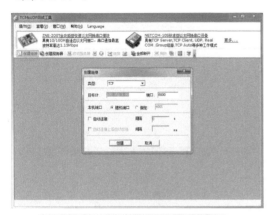

图4-2-5 使用测试软件连接网关

图4-2-6 向网关写入指令

（e）如图4-2-7 所示，单击"发送"按钮，网关接收指令后，会打开继电器并返回信息，同时断开连接。此时打开调光开关，白炽灯会点亮。

（f）如图4-2-8 所示，再次单击"连接"按钮，在发送区中输入"POST / "，换两行后输入"key=2;"，单击"发送"按钮，网关会关闭继电器并返回信息，同时断开连接。此时白炽灯会熄灭。

图4-2-7 发送指令

图4-2-8 再次发送指令

任务 3 物联网云平台初探

任务要求

完成云平台用户注册和登录工作。

119

完成设备的添加和上线。

任务目标

了解设备云的开发流程。

能根据要求注册和登录账号。

能根据要求添加设备，修改 Lua 脚本并把设备连接上云平台。

知识链接

一、云技术简介

1. 云技术的概念

云技术是指在广域网或局域网内将硬件、软件、网络等资源统一起来，实现数据计算、存储、处理和共享的一种托管技术。

2. 云技术的应用

最简单的云计算技术在网络服务中已经随处可见，如搜索引擎、网络信箱等，使用者只要输入简单的指令即能得到大量信息。未来移动设备可以借助云计算技术，发展出更多的应用服务。除了信息搜索和分析功能，未来还可借助云计算技术完成 DNA 结构分析、基因图定序、癌症细胞解析等。

随着物联网的发展，未来物联网势必会产生海量数据，这就需要将物联网与云计算结合起来。

二、中国移动物联网开放平台

中国移动物联网开放平台（以下简称云平台）是中移物联网有限公司基于物联网技术和产业特点打造的开放平台和生态环境，适配各种网络环境和协议类型，支持各类传感器和智能硬件的快速接入和大数据服务，提供丰富的 API 和应用模板以支持各类行业应用和智能硬件的开发，能够有效降低物联网应用开发和部署成本，满足物联网领域设备连接、协议适配、数据存储、数据安全、大数据分析等平台级服务需求。该平台可为智能硬件创客和创业企业提供硬件社区服务，为中小企业客户物联网应用需求提供数据展现、数据分析和应用生成服务，为重点行业领域和大客户提供行业 PaaS 服务和定制化开发服务。云平台应用如图 4-3-1 所示。

三、如何接入云平台

本项目需要将物联网综合网关连接到云平台，通过网关上传一系列持续变化的数据到云平台，然后通过网页浏览器登录设备云，打开相应设备的 Web 应用界面，就可以看到数据的变化结果。系统通过云平台提供云服务，网关通过 EDP 连接到云平台，将数据上传到云平台。通过云平台提供的 Web 应用设计功能，登录云平台在网页浏览器中设计 Web 应用界面的客户端，获取网关上传到云平台的数据并显示出来。

在这个过程中，需要用到设备 APIKey 和设备 ID，通过 GPRS_set_cloud() 函数实现网关和云平台的连接。该函数的详细使用方法见表 4-3-1。

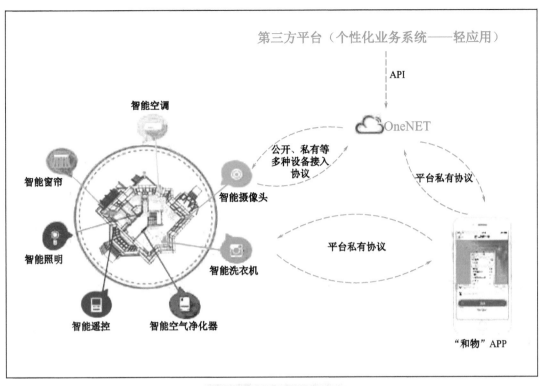

图 4-3-1 云平台应用

表 4-3-1 函数 GPRS_set_cloud() 的用法

参　数	类　型	说　明
IP	char*	云服务器IP地址
port	int	云服务器服务端口
devID	char*	设备ID（在设备云中添加设备后会自动生成设备ID）
api-key	char*	设备或项目APIKey
time	int	上传设备云时间周期，单位为s
返回值	void	
备注		使用该函数前应先在设备云中添加设备，将设备云生成的devID和api-key输入该函数，如何在设备云中添加设备请查看智嵌提供的其他文档

示例代码：设置网关以GPRS方式连网，设备号为"3124059"，连接到设备云，变量上传服务器周期为10s

```
GPRS_set_cloud("183.230.40.39",876,"3124059","dI4xtsnhbz6kDYIsObPmBcci71k=",10);
```

任务实施

一、工作任务与分工表

工作任务与分工表见表 4-3-2。

表 4-3-2　工作任务与分工表

工 作 任 务	具体任务描述	具 体 分 工
账号注册与登录	登录云平台首页（http://open.iot.10086.cn），完成账号注册并登录	
创建产品	进入开发者中心，创建一个产品，设置好相关参数，使产品通过EDP接入云平台	
添加设备	进入设备管理界面，添加设备，把物联网网关添加到设备列表中	
连接云平台	获取物联网网关的设备ID 获取产品APIKey 打开智嵌物联网综合网关配置器，修改GPRS_set_cloud()函数的参数，将网关连接到云平台	
其他	做到安全用电，遵循先测试再通电的原则 认真学习，勤于思考 保持环境整洁，不大声喧哗，不随意走动	

二、实施步骤

步骤1　登录云平台首页（http://open.iot.10086.cn），单击右上角的"注册"按钮进入注册界面，如图 4-3-2 所示。输入手机号码和图片验证码，单击"获取验证码"按钮，收到验证码后，输入手机验证码，单击"立即注册"按钮即可成功注册账号。

步骤2　注册完账号后，回到云平台首页，单击右上角的"登录"按钮，打开登录界面，输入账号、密码和验证码，勾选"自动登录"，单击"登录"按钮即可登录云平台。

图 4-3-2　账号注册

图 4-3-3　账号登录

步骤3　添加设备。

（a）选择右上角的"开发者中心"选项，进入开发者中心界面。

（b）单击"创建产品"，根据实际需要，填写好相关资料，单击"确定"后，系统提示"编辑产品成功！"（图 4-3-4）。

（c）单击"立即添加设备"，进入设备管理界面（或返回首页选择"开发者中心"→"接入设备"）。

（d）单击设备管理界面右方的"添加设备"，填好相关信息后，单击"接入设备"，把网关添加到设备列表中（图 4-3-5）。

（e）记下网关的设备 ID 和 APIKey（图 4-3-6 和图 4-3-7），运行综合网关配置器，打开默认配置文件 config.lua，找到 GPRS_set_cloud() 函数并修改其参数为如下形式。

```
GPRS_set_cloud("183.230.
40.39",876,"_____","_____
_____",5);
```

（f）保存 config.lua，选择"运行"→"下载配置到网关"，把配置文件烧写到网关中。返回云平台的设备管理界面，观察"物联网万能综合网关"前面灰色的圆点是否变亮，若变亮，说明网关已成功接入云平台（图 4-3-8）。

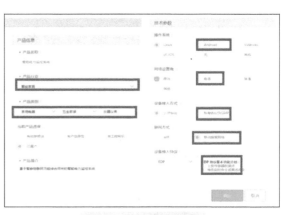

图 4-3-4 创建产品

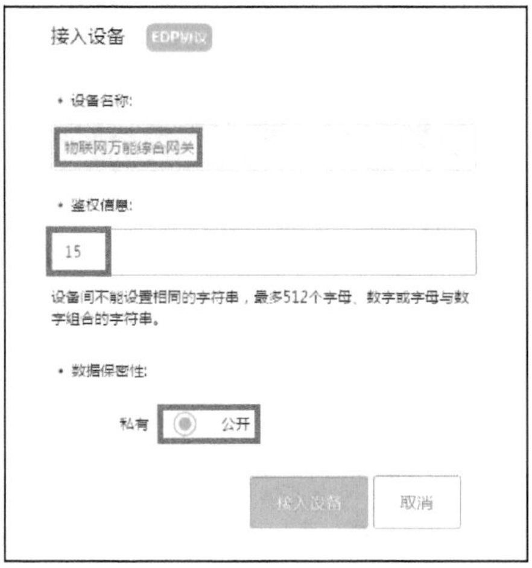

图 4-3-5 添加网关　　　　　图 4-3-6 网关的设备 ID

图 4-3-7 APIKey

图 4-3-8 网关成功接入云平台

物联网云平台远程监控系统的设计与实现

任务要求

完成远程监控系统的创建与设计。

实现远程监控系统的读表功能。

实现远程监控系统的控制功能。

任务目标

能根据要求创建和设计出远程监控系统。

能根据要求读取电表数据并控制相关电器。

能通过手机、平板电脑等客户端读取电表数据并控制相关电器。

知识链接

智能电表是智能电网的智能终端和数据入口。为了适应智能电网，智能电表具有双向多种费率计量、用户端实时控制、多种数据传输模式、智能交互等多种应用功能。智能电网建设为全球智能电表及用电信息采集、处理系统产品带来了广阔的市场需求。预计到2020年，全球将安装近 20 亿台智能电表，智能电网将覆盖全世界 80% 的人口，智能电表渗透率将达到 60%。

智能电表在智能电网数据资源整合中扮演着重要角色。国家"十二五"规划明确提出，物联网将在智能电网、智能交通、智能物流等十大领域重点部署，其中智能电网总投资预计达 2 万亿元，高居首位。2015 年 8 月，发改委 7 个物联网立项中首个验收工程"国家智能电网管理物联网应用示范工程"验收成功。之后，国家能源局印发的《配电网建设改造行动计划（2015—2020 年）》提出"推进用电信息采集全覆盖"、"2020 年，智能电表覆盖率达到 90%"，以及"以智能电表为载体，建设智能计量系统，打造智能服务平台，全面支撑用户信息互动、分布式电源接入、电动汽车充放电、港口岸电、电采暖等业务，鼓励用户参与电网削峰填谷，实现与电网协调互动"。

分布式电源、特高压与微网、电动汽车充电桩、智能配电、四表集抄、建筑分项计量等热点领域，都需要相关的智能电表技术支持。以客户为导向的高级计量体系（AMI）将是未来智能电网建设的重中之重。这将要求智能电表具备双向互动功能，支持客户服务，并进行分析和决策。同时，电能信息采集系统应当能支持更强大的通信网络，并为智慧城市的电能应用提供大数据、云计算等数据支撑。更先进的智能电表还代表着未来售电市场最终用户智能化终端的发展方向。随着售电侧改革的不断推进，智能电表公司将有机会进入售电市场及能源互联网这一新领域。以智能电表为中心的家庭能源管理中心如图 4-4-1 所示。

因此，预计"十三五"期间，我国将新增智能电表需求 4.6 亿台，总体市场空间超过1030 亿元（图 4-4-2）。2018 年更新更换的热潮将引领智能电表迎来需求拐点，并重新超过 2014 年和 2015 年的招标数量，在未来保持近 15% 的增速。总之，智能电表行业应在贴近智能电网用户侧需求的基础上，为智慧城市中的各种细分市场提供更专业、更经济的智能用电产品及系统解决方案，并增加对国际上相对成熟的标准化成果的引用，增强产品的国际竞争力。

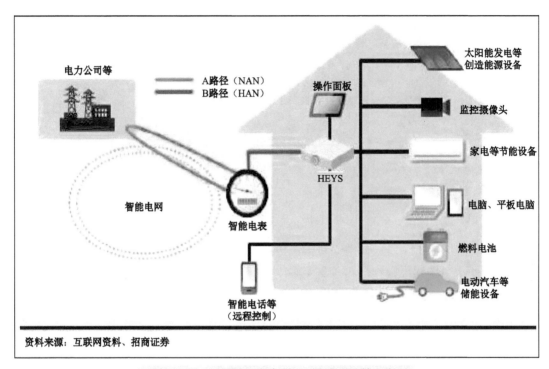

图4-4-1 以智能电表为中心的家庭能源管理中心

图4-4-2 "十三五"期间我国智能电表需求预测

任务实施

一、工作任务与分工表

工作任务与分工表见表4-4-1。

表 4-4-1　工作任务与分工表

工 作 任 务	具体任务描述	具 体 分 工
创建并编辑应用	根据要求创建和设计智能电力监控系统 根据要求读取电表数据并控制相关电器	
发布链接	能使用手机、平板电脑等客户端读取电表数据并控制相关电器	
其他	做到安全用电，遵循先测试再通电的原则 认真学习，勤于思考 保持环境整洁，不大声喧哗，不随意走动	

二、实施步骤

步骤 1　登录中国移动云平台，进入开发者中心界面。

步骤 2　创建应用。选择"应用管理"→"创建应用"，填好相应的资料，单击"创建"按钮即可生成应用（图 4-4-3）。

步骤 3　编辑应用。

（a）单击应用的"编辑"按钮，进入应用的编辑界面。从编辑界面的左侧拖 2 个文本、6 个仪表盘和 1 个按钮至操作界面（图 4-4-4）。

图 4-4-3　创建应用

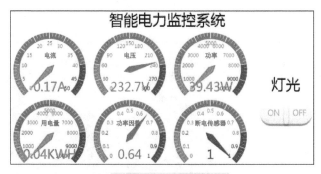

图 4-4-4　编辑应用

（b）单击控件，在界面右侧显示控件的属性，按要求设置各控件的属性（图 4-4-5 和图 4-4-6）。

（c）单击界面右上角的"保存"按钮保存应用设置，单击"预览"并切换到预览窗口，即可对智能电力监控系统进行控制。

步骤 4　发布链接。进入云平台的"应用管理"界面，单击"智能电力监控系统"发布系统的链接，在手机或电脑的浏览器中输入发布的链接并登录，即可对智能电力监控系统进行远程监控（图 4-4-7）。

数据流 ▼	数据流 ▼	数据流 ▼
物联网万能综合网关 ▼ dianliu ▼	物联网万能综合网关 ▼ dianya ▼	物联网万能综合网关 ▼ gonglv ▼
标题 ▼	标题 ▼	标题 ▼
电流	电压	功率
数据流属性 ▼	数据流属性 ▼	数据流属性 ▼
刷新频率 ▼	刷新频率 ▼	刷新频率 ▼
3 秒	3 秒	3 秒
表盘最小值 ▼	表盘最小值 ▼	表盘最小值 ▼
0	0	0
表盘最大值 ▼	表盘最大值 ▼	表盘最大值 ▼
50	300	10000
表盘单位 ▼	表盘单位 ▼	表盘单位 ▼
A	V	W
颜色主题 ▼	颜色主题 ▼	颜色主题 ▼
经典配色 ▼	经典配色 ▼	经典配色 ▼
样式主题 ▼	样式主题 ▼	样式主题 ▼
经典样式 ▼	经典样式 ▼	经典样式 ▼

图 4-4-5 控件属性（一）

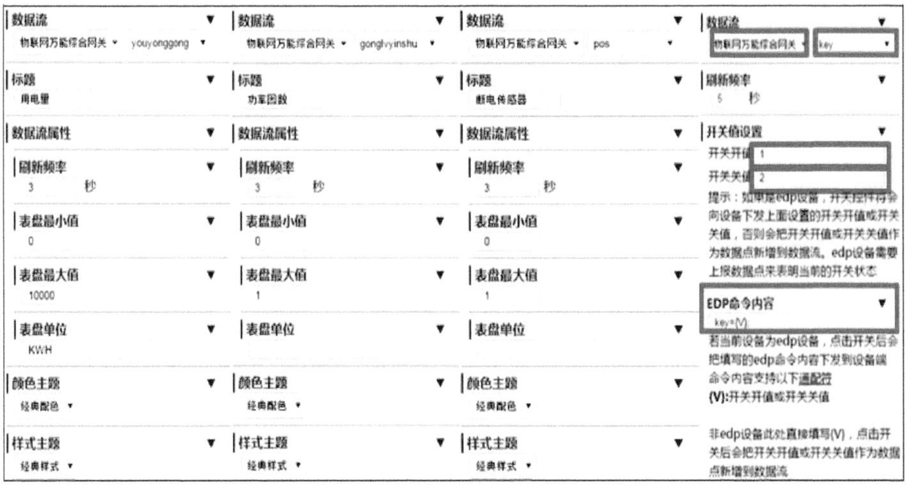

数据流 ▼	数据流 ▼	数据流 ▼	数据流 ▼
物联网万能综合网关 ▼ youyonggong ▼	物联网万能综合网关 ▼ gonglvyinshu ▼	物联网万能综合网关 ▼ pos ▼	物联网万能综合网关 ▼ key ▼
标题 ▼	标题 ▼	标题 ▼	刷新频率
用电量	功率因数	柜位传感器	5 秒
数据流属性 ▼	数据流属性 ▼	数据流属性 ▼	开关设置
刷新频率 ▼	刷新频率 ▼	刷新频率 ▼	开关开值 1
3 秒	3 秒	3 秒	开关关值 2
表盘最小值 ▼	表盘最小值 ▼	表盘最小值 ▼	提示：如果是edp设备，开关控件请把设备下发上面设置的开关开值或开关关值，否则会把开关值或开关关值作为数据点新增到数据流，edp设备需要上报数据点来表明当前的开关状态
0	0	0	
表盘最大值 ▼	表盘最大值 ▼	表盘最大值 ▼	EDP命令内容 ▼
10000	1	1	key=(V)
表盘单位 ▼	表盘单位 ▼	表盘单位 ▼	若当前设备为edp设备，点击开关后会把填写的edp命令内容下发到设备调命令内容支持以下通配符
KWH			(V)：开关开值或开关关值
颜色主题 ▼	颜色主题 ▼	颜色主题 ▼	非edp设备此处直接填(V)，点击开
经典配色 ▼	经典配色 ▼	经典配色 ▼	关后会把开关开值或开关关值作为数据
样式主题 ▼	样式主题 ▼	样式主题 ▼	点新增到数据流
经典样式 ▼	经典样式 ▼	经典样式 ▼	

图 4-4-6 控件属性（二）

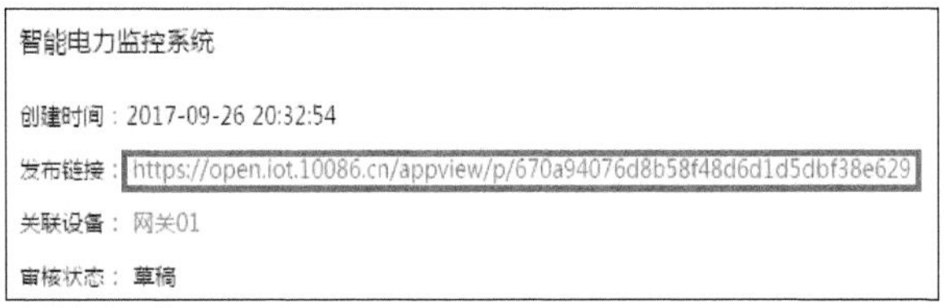

智能电力监控系统

创建时间：2017-09-26 20:32:54

发布链接：https://open.iot.10086.cn/appview/p/670a94076d8b58f48d6d1d5dbf38e629

关联设备：网关01

审核状态：草稿

图 4-4-7 发布链接

本项目电子资料包
可以扫描二维码查看

智能停车场管理系统的安装与调试

工作情景 ●●●●●●

　　某工业园计划划出一片地建设停车场，用于满足职工停车需求。停车场分为室内和室外两部分，计划包含标准车位 200 个、无障碍车位 8 个。以前停车全靠人工管理，工作量大，而且在上下班高峰期经常出现混乱现象。现在园方希望能给停车场配置智能管理系统，从而减少物业管理人员，降低物业管理费用，提高停车场使用率，使员工更方便快捷地找到停车位。

　　张经理将上述任务分配给士郎和小哀，要求他们跟客户充分沟通后设计出一套方案并负责工程安装。

项目描述 ●●●●●●●●

🐷 客户沟通

　　士郎接到任务后，与园区负责后勤工作的张先生取得联系，并到工业园实地考察。士郎与张先生的交流如下。

　　士　郎：张先生，您好，我是××智能科技有限公司的售前工程师，很高兴为您服务。听说你们打算建停车场，不知道能帮您什么忙？

　　张先生：士郎，你好。我们工业园现在规模越来越大，员工也越来越多，现有的停车位不够用，因此计划划出一片地建设停车场，用于满足职工停车需求。

　　士　郎：挺好的，不知道停车场规模多大呢？

　　张先生：停车场计划分为室内和室外两部分，包含室外标准车位 100 个、无障碍车位 8 个、室内标准车位 100 个。

　　士　郎：嗯，好的。对停车场管理系统有什么要求呢？

　　张先生：以前停车全靠人工管理，工作量大，而且在上下班高峰期经常出现混乱现象，员工难以找到停车位，只能在停车场内绕圈，引起通道堵塞。我们园方希望能给停车场配置一个管理系统，不仅可以减少物业管理人员，降低物业管理费用，而且还能提高停车场使用率，使员工能更方便快捷地找到停车位。

　　士　郎：嗯，明白，那可以配个智能停车场管理系统，用 LED 屏引导车辆停放，不知道预算是多少呢？

　　张先生：我们计划投入 20 万元左右。

士　郎：如果增加些预算，这个系统不仅可以有导车功能，还可以有收费功能。

张先生：这个是以后的规划，现在暂时没这个需要，希望你们能根据我的要求和预算设计出一套方案来。

士　郎：好的，我回去将根据您的需求设计一个合适的方案。

方案制订

根据客户的要求，士郎制订了智能停车场管理系统设计方案，见表 5-0-1。

表 5-0-1　智能停车场管理系统设计方案

客户情况简介					
客户名称	张××	电　话	134××××××××	地　址	××工业园
资金预算	20万元	设计人	士　郎	日　期	2017年6月20日

客户情况描述：

××工业园停车场计划分为室内和室外两部分，包含室外标准车位100个、无障碍车位8个、室内标准车位100个，希望引入智能停车场管理系统，减少物业管理人员，降低物业管理费用，提高停车场使用率，使使用户更方便快捷地找到停车位

客户需求分析：

实现智能车位引导

总体方案描述

根据客户的需求、场地实际情况及资金预算，采用智能停车场管理系统解决问题
利用车位信息LED屏显示停车场车辆停放情况
采用超声波车位探测器采集室内停车场车辆数据
采用地磁车位探测器采集室外停车场车辆数据
将采集到的相关车位信息传递到网关，与云平台对接
利用微网站发布相关信息

设备清单		
设备名称	数量	品牌
智嵌云控网关	1	智嵌
路由器	1	TP-LINK
LED屏	5	智嵌
超声波车位探测器	100	智嵌
车位指示灯	100	智嵌
地磁车位探测器	108	智嵌
地磁管理器	27	智嵌

士郎根据设计方案绘制了系统拓扑图，如图 5-0-1 所示。

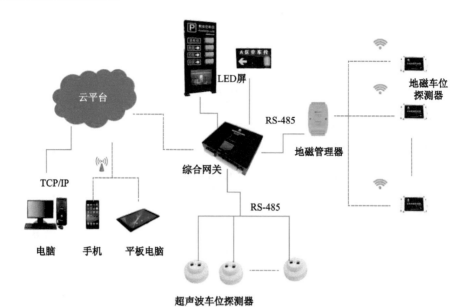

LED屏

RS-485

地磁车位
探测器

地磁管理器

云平台

TCP/IP

综合网关

RS-485

电脑 手机 平板电脑

超声波车位探测器

图 5-0-1 智能停车场管理系统拓扑图

3. 派工分配

士郎将设计方案及图纸转交给了工程部，工程部经理制作了派工单（表 5-0-2），并将任务转给小哀具体负责实施。

表 5-0-2 派工单

客户名称	××工业园	联系人	张××	联系电话	134××××××××
施工地点	××工业园	派出工程师	小 哀	派工时间	2017-6-25
工作内容	安装与调试智能停车场管理系统，包含车位信息LED屏、超声波车位探测仪、地磁车位探测器等				
工作要求	严格按照安装、连线、测试、调试的步骤实施，保证设备运行正常、稳定 施工规范，操作安全，布线合理、美观、牢固 施工完成后，向客户介绍设备的使用方法 展示良好的公司形象，做到服务热情，与客户保持良好沟通，确保客户满意				
注意事项	LED屏应安装在显眼的地方，应防止相邻探测器相互干扰造成误判，尽量减少布线				
预计工时	20工时	开工时间		实际完工时间	
客户填写部分					
效果评价					
验收结果			客户签字		

小哀接到派工单后，将任务具体分解如下。

任务 1：车位信息 LED 屏的安装与调试。

任务 2：室内超声波车位探测器的安装与调试。

任务 3：室外地磁车位探测器的安装与调试。

任务 4：网关采集车位信息与云平台对接的实现。

车位信息 LED 屏的安装与调试

任务描述

　　停车场的每个入口均应安装车位引导屏，用于显示停车场内车位信息。停车场内部各区域应安装小的 LED 屏，用于显示各个区域的车位数，其一般安装在停车场内部重要的岔道口。常用的室外 LED 屏与室内 LED 屏如图 5-1-1 所示。

　　本任务将选取一组室内 LED 屏进行安装与调试，实现车位信息提示，引导用户停车。本任务采用的 LED 屏如图 5-1-2 所示。

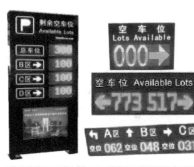

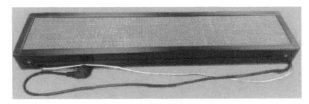

图 5-1-1　常用的室外 LED 屏和室内 LED 屏　　　图 5-1-2　本任务采用的 LED 屏

　　LED 屏是通过 RS-485 接口通信的，供电电源是 220V 交流电，相关信息见表 5-1-1 和表 5-1-2。

表 5-1-1　LED 屏的电源与通信接口

电　源	RS-485A	RS-485B
220V（交流）	白色线	浅灰色线

表 5-1-2　LED 屏的技术参数

工作电压：AC 110～220V	电源频率：50～60Hz
工作温度：−20～+80℃	通信方式：RS-485
通信设置：9600/4800 bps，N，8，1	通信距离：≤1000m

　　本任务需要用到的设备清单见表 5-1-3。

表 5-1-3　设备清单

设 备 名 称	数　　量	备　　注
LED屏	1	—
综合网关	1	智嵌云控

　　工具与设备如图 5-1-3 所示。

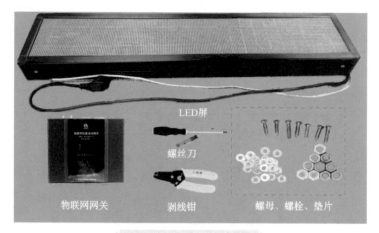

图 5-1-3　工具与设备

任务要求

完成 LED 屏的固定与安装。

完成 LED 屏与综合网关的连接，通过综合网关参数设置读取数据。

遵守电工操作规范，设备安装与布线做到美观牢固、横平竖直。

任务目标

了解智能停车场管理系统的概念和 LED 屏的显示方式。

能动手安装 LED 屏。

会连接综合网关与 LED 屏。

知识链接

一、智能停车场管理系统

智能停车场管理系统是利用物联网、RFID、云计算、移动支付等先进技术，将分散的终端数据汇总起来而建立的对停车场实施远程实时管理，实现快速进场、快速停车、快速找车、快速通场的便民利民系统。

智能停车场管理系统可分为三大部分：信息采集与传输、信息处理与人机界面、信息存储与查询。

通过停车场前端设备，如车位探测器、感应线圈等，对停车场内的车位信息进行数据采集，经传输网络将采集到的数据送至信息处理中心。对信息进行分类处理并将其放到实时数据库中，同时将信息传送给信息发布系统。对于实时数据库中的车位信息，系统还提供了数据查询接口。系统工作原理如图 5-1-4 所示。

智能停车场管理系统可实现以下四大功能。

（1）车位引导，方便用户快速找到车位，避免找车位引起的通道堵塞。

（2）收费盈利，对停车场内的车辆进行统一管理及看护。

（3）对车辆和持卡人进行图像追踪。

（4）采集相关信息并定期保存，以备物管处、交管部门查询。

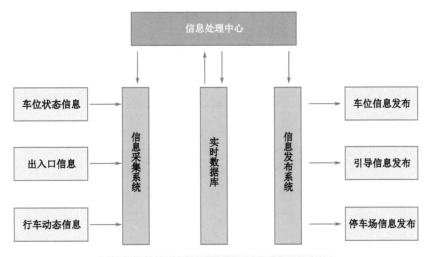

图 5-1-4　智能停车场管理系统工作原理图

二、LED 屏

LED 屏是一种由发光二极管按顺序排列而制成的电子设备，其凭借超大画面、超强视觉、灵活多变的显示方式，成为目前国际上最流行的显示系统之一，被广泛应用于金融证券、商业广告、文化娱乐等领域。

LED 屏按其使用环境分为室内显示屏和室外显示屏。一般把只显示图形或文字的 LED 屏称为图文屏。它的主要特征是只控制 LED 点阵中各发光器件的通断，而不控制其发光强弱。图文屏可做成条形（条屏），也可做成矩形。几种常见的 LED 屏如图 5-1-5 所示。

图 5-1-5　几种常见的 LED 屏

LED 屏的发展大致经历了以下三个阶段。

（1）形成期：20 世纪 90 年代以前，受器件材料和控制技术的限制，产品以红、绿双基色为主，成本比较高。在这一时期，我国 LED 屏比较少，但在国外应用广泛。

（2）迅速发展期：1990—1995 年，全球信息产业高速发展，高级 LED 材料和 LED 屏控制技术不断出现，全彩色 LED 屏进入市场，LED 屏产业成为蓬勃发展的高科技产业。

（3）1995 年至今，LED 屏技术稳步提高，产业格局调整完成，LED 屏应用领域更为广阔。我国 LED 屏产业一直保持世界先进水平，LED 屏产业已成为我国电子信息产业的重要组成部分。

任务实施

一、工作任务及分工表

工作任务及分工表见表 5-1-4。

表 5-1-4　工作任务及分工表

工作任务	具体任务描述	具体分工
设备安装	将LED屏、综合网关等设备，按照安装位置图固定在实训架的指定位置上，要求安装稳固、美观大方 通过自主学习完成任务中的练习题	
线路连接	将LED屏的数据线正确连接至综合网关 所有线路连接正确，不存在短路、断路的情况，安装顺利，布置恰当 通过自主学习完成任务中的练习题	
设备调试	使LED屏显示不同信息，将其调至最佳效果 通过自主学习完成任务中的练习题	
其他	做到安全用电，遵循先测试后通电的原则 线路连接符合规范 安装过程中保持环境整洁，不乱丢工具、设备、线材 安装过程中不大声喧哗，不随意走动 安装过程中未出现工具、设备掉落等情况	

二、实施步骤

1. 设备安装与固定

步骤1　将 LED 屏用螺钉固定在实训架上，如图 5-1-6 所示。

步骤2　将综合网关安装到实训架上。

步骤3　将 LED 屏的数据线连接到综合网关的 COM3 接口（白线对 A，灰线对 B），如图 5-1-7 所示。

图 5-1-6　LED 屏上架

图 5-1-7　连接综合网关与 LED 屏

2. 设备调试

（a）本任务采用的 LED 屏是 _____ 类型，适合 _____ 函数。

（b）阅读物联网综合网关说明书，编写代码，使 LED 屏在 0,0 位置显示"物联网综合网关"，以 0×11 的速度向右移动。

_____

（c）阅读物联网综合网关说明书，编写代码，使 LED 屏以两行分别显示"物联网综合网关"和"实训课"，并以最慢的速度向上移动。

_____

（d）代码 LED_DS(3，"欢迎光临"，0, 10, 0×01, 0×12, 0) 中的 3 代表 _____。

任务 2 室内超声波车位探测器的安装与调试

任务描述

　　根据设计方案,本项目将在室内停车场的每个车位上安装超声波探测器和车位指示灯。本任务将选取 4 个超声波车位探测器,采集停车场各车位的实时状态,并通过车位指示灯显示。系统示意图如图 5-2-1 所示。

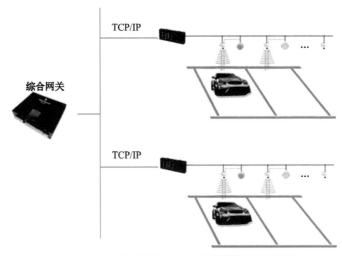

图 5-2-1　室内超声波车位探测器系统示意图

超声波车位探测器和车位指示灯实物图如图 5-2-2 所示。

图 5-2-2　超声波车位探测器与车位指示灯实物图

本任务需要用到的设备与材料清单见表 5-2-1。

表 5-2-1　设备与材料清单

设备或材料名称	数　量	备　注
超声波车位探测器	4	—
车位指示灯	4	—
综合网关	1	智嵌云控
网线、电源线	若干	电源线横截面积大于或等于1mm^2

工具与设备如图 5-2-3 所示。

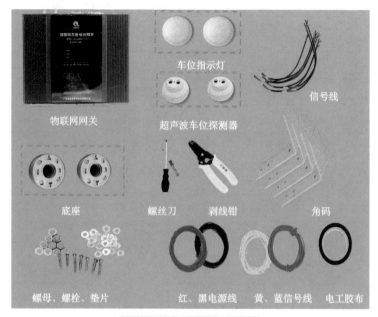

车位指示灯
物联网网关
超声波车位探测器
信号线
底座
螺丝刀
剥线钳
角码
螺母、螺栓、垫片
红、黑电源线
黄、蓝信号线
电工胶布

图 5-2-3　工具与设备

任务要求

完成超声波车位探测器、车位指示灯和综合网关的固定与安装。

完成超声波车位探测器、车位指示灯和综合网关的连接。

配置网关参数，判断安装是否正确。

遵守电工操作规范，设备安装与布线做到美观牢固、横平竖直。

任务目标

了解超声波车位探测器及其通信方式。

能动手安装超声波车位探测器。

学会编写网关脚本，并设置相应的参数。

知识链接

一、常用车位探测器介绍

车位探测器最主要的功能是检测停车位状态，只有在可靠的检测结果前提下才能正确显示车位信息和引导车辆停车。现今主流的车位检测技术主要有：

（1）地磁探测器，一般应用于室外停车场。车辆本身含有的铁磁物质会对车辆存在区域的地磁信号产生影响，使车辆存在区域的地球磁力线发生弯曲。当车辆经过传感器附近，传感器能够灵敏感知到信号的变化，经信号分析就可以得到检测目标的相关信息。目前市场上的地磁车辆检测器多以无线传输为主，以其检测精度高、稳定可靠、安装维护方便等优点迅速占领市场，在国内的各大城市的道路上已经开始逐步使用。

（2）超声波技术，它是根据光沿直线传播的原理，当光遇到障碍物时就会被反射回来，同理当超声波遇到障碍物（车辆）时就会产生反射波，反射波传送回接收端，根据时间差就可以判断出是否有车辆通过。正常情况下，没有车辆时超声波返回到超声波检测器用的时间比有车辆通过时用的时间要长，当接收到反射波的事件变短就可以判断出车辆通过情况。

（3）微波车辆检测器，一种利用数字雷达波检测技术实时检测交通流量、平均车速、车型及车道占用率等交通数据的产品，广泛应用于高速公路、城市道路、桥梁等进行全天候的交通检测，能够精确地检测高速公路上的任何车辆，包括从摩托车到多轴、高车身的车辆。

（4）红外车辆检测技术，它是利用红外辐射原理对车辆进行检验和测量。它可以侧向方式检测多车道，也可以检测静止的车辆，但它的性能随环境温度和气流影响而降低。

（5）视频检测器技术，将交通状况摄制成图像，利用图像处理技术，从而检测出交通参数，是目前交通信息采集技术的研究热点，具有广阔的前景。

（6）PC 式采集器，主要对于已有收费管理系统的停车场，直接获取收费系统统计的空车位数据，再通过无线通信方式上传数据到管理系统平台。

（7）人工手持 POS 机，机内装停车位采集软件，管理员根据车辆进出操作对车位数进行加减，手持机则自动将最新空位数无线上传到管理中心，完成停车数据采集。

二、超声波车位探测器简介

超声波探测器是根据反射回波原理制成的，主要由超声波发射器、超声波接收器和控制电路组成。它先根据超声波测距原理计算出障碍物距离来判断是否有车辆存在的。具体是超声波发射装置向检测区域发射超声波，遇到反射物反射并被接收器接收，通过时间差和超声波在空气中的传播速度测算出与反射物之间的距离。当检测区域有车辆存在时，超声波检测装置测算的距离发生变化，从而作出检测区域有车辆通过或者存在的判断。

超声波检测技术具有的优点有：造价成本低，无须在车辆或者地面安装反射装置，安装维护简单。超声波有很强的抗静电干扰能力和很高的检测精度。但是温度变化和强烈的气流紊乱等环境因素都会对传感器造成影响，对于地下停车场的特定环境，气流紊乱和温度影响很小，可以忽略。

超声波探测器由探测器主体和探测器卡座组成，探测器主体上的主要器件包含超声波探头、车位灯连接线、电源、485 网络连接线、探测距离设置跳线、485 通信指示灯、车位信息指示灯。图 5-2-4 所示为超声波探测器的工业级封装模块及其在停车场中的安装位置。

图 5-2-4　超声波探测器模块及其安装位置

任务实施

一、工作任务及分工表

工作任务及分工表见表 5-2-2。

表 5-2-2　工作任务及分工表

工 作 任 务	具体任务描述	具 体 分 工
设备安装	将超声波车位探测器、车位指示灯、网关固定在实训架上	
线路连接	为超声波车位探测器、车位指示灯通电	
设备调试	连接超声波车位探测器与综合网关，设置相关参数	
其他	做到安全用电，遵循先测试后通电的原则 线路连接符合规范 安装过程中保持环境整洁，不乱丢工具、设备、线材 安装过程中不大声喧哗，不随意走动 安装过程中未出现工具、设备掉落等情况	

二、实施步骤

1. 设备安装与线路连接

步骤 1　将每对超声波探测器和车位指示灯底座与顶部安装铁码的螺钉拧紧（图 5-2-5）。

步骤 2　将 8 块顶部安装铁码放到实训架上并向右拧 90°，使之与实训架呈垂直状态（图 5-2-6）。

图 5-2-5　底座与铁码

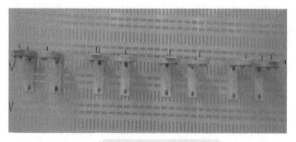

图 5-2-6　底座上架

步骤 3　连接车位指示灯电源线（图 5-2-7）。

步骤 4　连接超声波探测器电源线与 485 接口线（图 5-2-8）。

图 5-2-7　连接车位指示灯电源线

图 5-2-8　超声波探测器连线

步骤 5 将超声波探测器与车位指示灯安装在实训架上，并将线路理顺（图 5-2-9）。

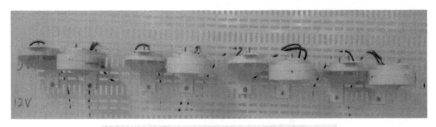

图 5-2-9 超声波探测器与车位指示灯上架

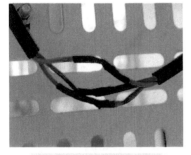

图 5-2-10 串联电源线

步骤 6 将超声波探测器与车位指示灯的电源线连接起来，同色相连即可，并用热缩管保护（图 5-2-10）。

步骤 7 将超声波探测器 485 接口的电源线（红、黑线）都串联起来，同色相连即可，并用热缩管保护，然后接上 12V 电源（图 5-2-11）。

步骤 8 将 4 组超声波探测器 485 接口对应的 A、B 线串联起来，同色相连即可，并用热缩管保护。

步骤 9 将超声波探测器连至综合网关的 485 接口 COM2（思考：一个 485 接口最多能接 ____ 个探测器）。

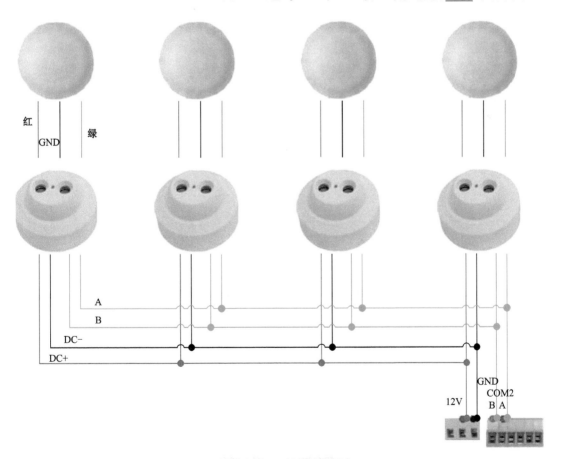

图 5-2-11 线路连接图

2. 设备调试

步骤1 配置车辆探测距离，可以通过 8 位拨码开关的高三位（6-8）灵活设定报警距（实测 0.50～4.00m），具体可参见表 5-2-3。当车辆到位，测定距离小于预设距离时，外接红色 LED 灯亮，否则外接绿灯 LED 灯亮（实用预设值加上 0.5m 应为到地面的高度）。

表 5-2-3　预设距离拨码设置表

设置	■■■	■■ ■	■ ■	■ ■■	■ ■	■ ■	■ ■	■■■
编码值	0 0 0	0 0 1	0 1 0	0 1 1	1 0 0	1 0 1	1 1 0	1 1 1
报警距离	1.0m	1.5m	1.75m	2.0m	2.25m	2.5m	3.0m	3.5m

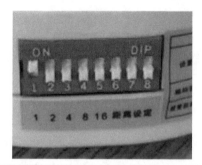

图 5-2-12　车位 1 超声波探测器地址设置

步骤2 配置车位 1 的超声波探测器通信地址。通信地址由八位拨动开关的低五位（1—5）表示，车位 1 的地址即为 1，左边高位，右边低位（即 5 对应高位，1 对应低位）。配置如表 5-2-4 和图 5-2-12 所示。

表 5-2-4　车位对应地址表

车位	车位1	车位2	车位3	车位4
地址	00001	00010	00011	00100

注：地址范围为 0—31，超出此范围将使系统不能正常工作！

步骤3 编写网关脚本（完整代码可在本书配套资源库中找到）。

（a）网关初始化，具体代码如下：

```
release();--下载到网关中，没有这个语句时只在内存上运行，即断电不会保存
--网络配置区域
sys_set_eth0("192.168.1.80","255.255.255.0", "192.168.1.168") ; --设置网络参数IP、掩码、网关
sys_set_eth0_dns("192.168.1.168") ;--设置网络DNS服务器
--连接中国移动设备云的方式选择与配置区域
--通过网线的方式连接设备云
LAN_set_cloud("183.230.40.39",876,"3169244", "LJ6vORpMTm6fAaqD5Ba1qtHYa2M=" , 4);
--GPRS的方式连接设备云
--GPRS_set_cloud("183.230.40.39", 876, "3169244","LJ6vORpMTm6fAaqD5Ba1qtHYa2M=" , 4);
--WiFi的方式连接设备云
--WIFI_set_cloud("183.230.40.39", 876, "3169244","LJ6vORpMTm6fAaqD5Ba1qtHYa2M=", 4);
--选择开启相应服务区域
start_modbus_server(502,1);--开启Modbus服务，可供组态软件使用
start_web_server(8000);--局域网HTTP通信服务，可供手机端局域网控制时使用
--配置串口区域
sys_set_com(0, 9600, "none", 8, 1);--配置串口 0 通信参数
sys_set_com(1, 9600, "none", 8, 1);--配置串口 1 通信参数
sys_set_com(2, 9600, "none", 8, 1);--配置串口 2 通信参数
sys_set_com(3, 9600, "none", 8, 1);--配置串口 3 通信参数
--上传云变量区域
add_cloud_value("CheWei1", 1001, "int");--上传到中国移动设备云
--初始化区域
LCD_CLS(0);--清屏
while(1) do--主程序运行区域
end
```

（b）根据需求绘制出程序流程图，如图 5-2-13 所示。

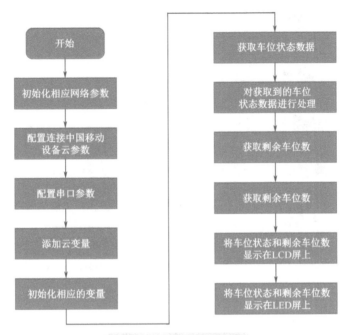

图 5-2-13 程序流程图

（c）自主学习完成以下内容。

查找网络 IP、掩码、网关，完成以下代码：

```
sys_set_eth0("_____", "_____", "_____")
```

设置网关的网络 DNS 服务器：

```
sys_set_eth0_dns(" _____")
```

配置串口区域：

```
sys_set_com(3, 9600, "none", 8, 1);-- 配置串口 3 通信参数
```

串口 3 接 LED 屏，查找 LED 屏的波特率，完成以下代码：

```
sys_set_com(3, _____, "none", 8, 1);
```

（d）上传云变量区域，增加车位云变量，代码如下：

```
--上传云变量区域
add_cloud_value("CheWei1", 1001, "int");
add_cloud_value("CheWei2", 1002, "int");
add_cloud_value("CheWei3", 1003, "int");
add_cloud_value("CheWei4", 1004, "int");
add_cloud_value("n1", 1005, "int");
```

（e）初始化变量和区域，代码如下：

```
LCD_CLS(0); --清屏
LCD_DS16(15,20,string.format("   智能停车场管理系统"),10);
LED_DS(3, string.format("   智能停车场管理系统"), 0, 0, 0x01, 0x07,2);
```

（f）完成车位查询程序。

获取车位状态数据：

```
CheWei1 = get_parking_lot(2, 1);-- 端口 com2 的车位 1
delay(200);
......
```

对获取到的车位状态数据进行处理：

141

```
if CheWei1==1 then a=" 有车 ";else a=" 无车 "; end
……
n=(CheWei1+ CheWei2+ CheWei3+ CheWei4-4);-- 获取剩余车位数
```

将车位状态数据写入网关寄存器：

```
sys_write_register(1001, CheWei1,"int");
……
sys_write_register(1005, n1, "int");-- 将室内剩余车位数写入网关寄存器
```

将车位状态显示在网关 LCD 屏上：

```
LCD_DS16(80, 60,string.format(" 室内1: %s", a), 10);
……
LCD_DS16(80, 140, string.format(" 室内剩余车位数 : %d", n), 10);
```

将剩余车位数和车位状态显示在 LED 屏上：

```
LED_DS(3, string.format("   智能停车场管理系统"), 0, 0, 0x01, 0x07,2);
LED_DS(3,string.format("剩余车位%d个:室内%d个",n,n1),0,16,0x03,0x07,2);
```

任务 3　室外地磁车位探测器的安装与调试

任务描述

　　根据设计方案，本项目将在室外停车场的每个车位上安装地磁探测器。本任务将选取 4 个地磁探测器，采集停车场各车位的实时状态，利用地磁管理器管理相关数据，并反馈到综合网关中。系统示意图如图 5-3-1 所示。

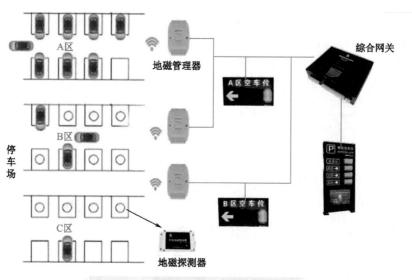

图 5-3-1　地磁车位探测器系统示意图

　　根据系统示意图，列出本任务需要用到的设备与材料清单，见表 5-3-1。

表 5-3-1　设备与材料清单

设备或材料名称	数　量	备　注
地磁探测器	4	采用智嵌品牌，基于RS-485通信
地磁管理器	1	智嵌云控
综合网关	1	智嵌云控
串口线	1	—

工具与设备如图 5-3-2 所示。

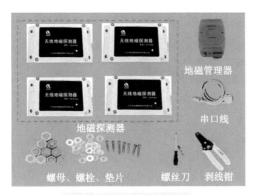

图 5-3-2　工具与设备

任务要求

完成地磁探测器、地磁管理器和综合网关的固定与安装。

完成地磁探测器、地磁管理器和综合网关的连接。

设置网关参数，判断安装是否正确。

遵守电工操作规范，设备安装与布线做到美观牢固、横平竖直。

任务目标

了解地磁探测器的工作原理，掌握地磁探测器初始化的方法。

会安装地磁探测器。

学会编写网关脚本，并设置相应的参数。

知识链接

一、地磁探测器简介

地球的周围本身存在着一个弱磁场，任何一个地点在不受外界干扰的情况下，都具有相对稳定的磁强度，磁场平均强度为 0.05 ～ 0.06mT，当有大块铁磁物体包括车辆经过时则会引起地磁场的变化。

地磁探测器是在 MEMS（微电子机械系统）工艺的基础上发展起来的新型传感器，

143

采用的是法拉第电磁感应定律即线圈切割地磁场磁力线产生感应电动势的原理，当车辆经过时，特定区域的地磁场将发生变化，根据这变化可以判断出是否有车辆停放。地磁探测器的部署非常简捷，可以将其钻孔埋入停车道的路面下或者嵌到停车位的地面上。如图 5-3-3 所示为地磁探测器。

图 5-3-3　地磁探测器

二、地磁探测器的安装

安装地磁探测器应按施工图纸编码进行相对应安装。如果没有施工编码图，则按地址递增顺序有规则地安装，并在施工图纸上相应位置标明。

第一步：钻直径为 63mm，深度为 140mm 的孔；如车位垂直于道路的：在车位车头方向的三分之一的位置，左右为正中；如车位水平于道路的：距离路边基一边的车位边线 70cm，前后为正中。（大车位按比例安装。）

第二步：用适量细沙填入孔底部，将地磁探测器放入孔内试装，标记方向向道路，直到 PMD 地磁探测器刚好与地面持平；

第三步：用适量普通或膨胀水泥浆填入孔中，以探测器底部侧边刚好填充满水泥为准；

第四步：将地磁探测器整体放入孔中，探测器顶部与地面持平压实，探测器上表面禁止高于地面，不能低于路面 2mm 以上；

注：（1）钻孔时候，需要注意地下有无电缆，以防破坏地下线缆。

（2）在安装地磁探测器时候，水泥量不宜过多。避免水泥污染，保持地磁表面干净。

（3）如果在不是水泥地面上安装时候，需要挖 30×30×30cm 以上坑，并浇灌混凝土，探测器安装于坑中。

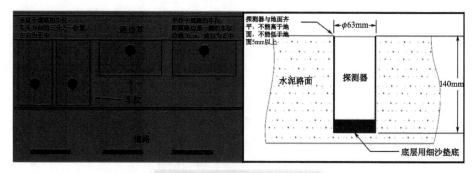

图 5-3-4　地磁探测器的安装

任务实施

一、工作任务及分工表

工作任务及分工表见表 5-3-2。

表 5-3-2　工作任务及分工表

工 作 任 务	具 体 任 务 描 述	具 体 分 工
设备安装	初始化地磁探测器后，将其与地磁管理器、智嵌综合网关等，按照安装位置图固定在实训架的指定位置上，要求安装稳固、美观大方 通过自主学习完成任务中的练习题	
线路连接	正确连接地磁管理器的电源线和数据线 连接地磁管理器和网关 所有线路连接正确，不存在短路、断路的情况，安装顺利，布置恰当	
设备调试	将地磁探测器与综合网关相连，设置相关参数	
其他	做到安全用电，遵循先测试后通电的原则 线路连接符合规范 安装过程中保持环境整洁，不乱丢工具、设备、线材 安装过程中不大声喧哗，不随意走动 安装过程中未出现工具、设备掉落等情况	

二、实施步骤

1. 设置地磁探测器

步骤 1　为地磁管理器供电，通过 RS-232 或 RS-485 连接电脑，打开"地磁配置器"软件，再打开对应的串口，输入要配置的探测器设备 ID（设备 ID 标在产品外壳贴纸上）。

步骤 2　将磁铁放在探测器表面白色点上 2s，使探测器进入配置状态。然后在"地磁配置器"软件中单击"获取配置"按钮，如果提示"获取配置成功"，则表示操作成功（图 5-3-5）。

步骤 3　设置好灵敏度和上报周期，确保探测器位置固定后，单击"地磁初始化"按钮。记录现场磁场状态，设置后单击"退出配置状态"按钮，即能让探测器进入正常工作状态。

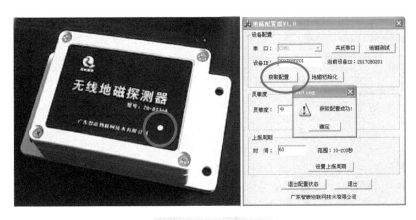

图 5-3-5　获取配置

步骤 4 使用"地磁配置器"软件测试现场效果,单击"地磁测试"按钮,输入要探测的设备 ID,这里可以同时测试 4 台探测器数据,单击"开始测试"按钮,即可看到探测器上报状态,如图 5-3-6 所示。

图 5-3-6 地磁测试

2. 设备上架

步骤 1 将地磁探测器安装到实训架上(实际施工时应掩埋在车位地底下)。

步骤 2 安装好地磁管理器。

步骤 3 将地磁管理器的电源线接到综合网关的 12V 电源接口,数据线接到综合网关的 485 接口 COM1。

3. 设备调试

调试网关,可以通过编写 Lua 脚本实现各种个性化功能。

本任务将在上个任务的基础上,继续完善程序。

步骤 1 初始化相应的网络参数。

步骤 2 初始化相应的变量。

(a)配置串口区域,添加 4 个地磁探测器,代码如下:

```
add_parking_lot(2017080704,1007);--添加地磁探测器2017080704
add_parking_lot(2017080705,1008);--添加地磁探测器2017080705
add_parking_lot(2017080706,1009);--添加地磁探测器2017080706
add_parking_lot(2017080707,1010);--添加地磁探测器2017080707
```

(b)上传云变量区域,增加室外车位云变量,同时开启地磁探测服务,代码如下:

```
add_cloud_value("lot1", 1007, "int");
add_cloud_value("lot2", 1008, "int");
add_cloud_value("lot3", 1009, "int");
add_cloud_value("lot4", 1010, "int");
add_cloud_value("n2", 1006, "int");--室外剩余车位
add_cloud_value("n", 1015, "int");--总共剩余车位
parking_lot_service(1);--开启COM1接口的地磁探测服务
```

步骤 3 完成车位查询程序。

(a)获取车位状态数据:

```
park1=sys_read_register(1007, "int");
……
park4=sys_read_register(1010, "int");
```

(b)对获取到的车位状态数据进行处理:

```
if park1==1 then a="有车";else a="无车"; end
……
```

```
if park4==1 then d=" 有车 ";else d=" 无车 "; end
n2=(4- park1- park2- park3- park4);-- 获取室外剩余车位数
n=n1+n2;-- 获取剩余车位数
```

（c）将车位状态数据写入网关寄存器：

```
sys_write_register(1006, n2, "int");
sys_write_register(1007, park1, "int");
......
sys_write_register(1015, n, "int");-- 将剩余车位数写入网关寄存器
```

（d）将车位状态显示在网关的 LCD 屏上：

```
LCD_DS16(20, 100, string.format(" 室外1: %s", a), 10);
......
LCD_DS16(10, 140, string.format(" 剩余车位 %d 个：室内 %d 个，室外 %d 个 ",
n, n1, n2), 10);
```

（e）将剩余车位数和车位状态显示在 LED 屏上：

```
LED_DS(3,string.format("    智能停车场管理系统"), 0, 0, 0x01, 0x07,2);
LED_DS(3,string.format("剩余车位%d个:室内%d个,室外%d个",n,n1,n2),0,16,0x03,0x07,2);
```

任务 4 网关采集车位信息与云平台对接的实现

任务描述

本任务将通过网关采集车位信息，并且与云平台对接，在网页和手机端发布。

任务要求

配置网关，连接中国移动云平台。

将网关采集的车位信息与云平台对接。

在网页和手机端发布车位信息。

任务目标

会配置网关，能连接到中国移动云平台。

能通过网关采集车位信息并与云平台对接。

能在网页和手机端发布车位信息。

知识链接

二维码最早出现于日本，它使用若干个与二进制相对应的几何图形来表示文字或数值信息，能通过图像输入设备或光电扫描设备自动识读以实现信息自动处理。

二维码技术具有条码技术的一些共性：每种码制有其特定的字符集，每个字符占有一定的宽度，具有一定的校验功能等。常用的码制有 Data Matrix、MaxiCode、Aztec、QR Code、Vericode、PDF417、Ultracode、Code 49、Code 16K 等。QR Code 即 QR 码，是 1994 年由日本 DW 公司发明的。QR 是英文 "Quick Response" 的缩写，意为快速反应。二维码发展迅速，但其安全性也正经受挑战，带有恶意软件和病毒是二维码普及道路上的

绊脚石。防范二维码滥用正成为一个亟待解决的问题。

QR 码的组成如图 5-4-1 所示。

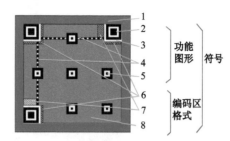

1—空白区；2—位置探测图形；3—位置探测图形分隔符；
4—定位图形；5—校正图形；6—格式信息；7—版本信息；
8—数字和纠错码字

图 5-4-1　QR 码的组成

任务实施

一、任务分析

本任务将利用中国移动云平台开发一个可以实时显示停车场信息的平台，使用户可以通过网页或手机查看车位信息。任务流程如图 5-4-2 所示。

二、实施步骤

1. 设置相关参数

综合网关脚本编辑在前面的任务中已经完成，接下来必须将其与中国移动云平台连接起来。在网关脚本中，选择通过网线的方式连接云平台，须修改相应函数的第 3 个和第 4 个参数，代码如下：

```
LAN_set_cloud("183.230.40.39", 876, "3169244", "LJ6vORpMTm6fAaqD5Ba1qtHYa2M=", 4);
```

步骤1　首先登录中国移动云平台（http://open.iot.10086.cn），然后单击"开发者中心"，打开产品列表，如图 5-4-3 所示。

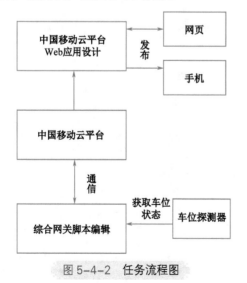

图 5-4-2　任务流程图

图 5-4-3　产品列表

步骤 2 单击"智能停车场",显示产品详情,由此获取 APIKey,如图 5-4-4 所示。

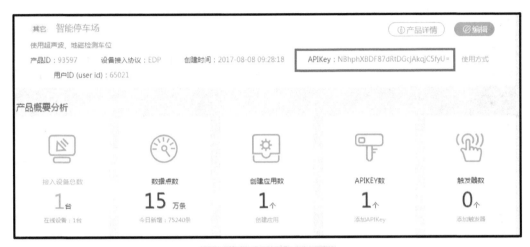

图 5-4-4 获取 APIKey

步骤 3 如图 5-4-5 所示,单击"设备管理"图标,然后单击"添加设备"按钮,添加"物联网综合网关",添加成功后将会显示出来,由此获取设备 ID 为 11101052。

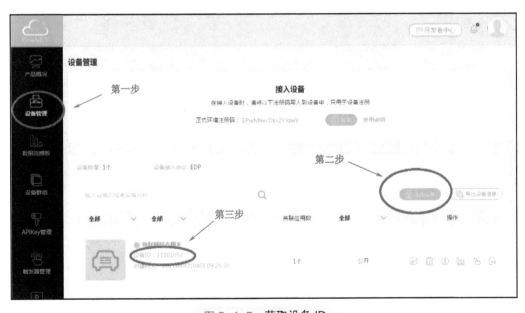

图 5-4-5 获取设备 ID

2. 编辑应用程序

步骤 1 如图 5-4-6 所示,单击"应用管理"图标,然后选择"独立应用",再单击右上角的"创建应用"按钮,创建 Web 应用。

步骤 2 添加文字。单击"创建应用"按钮后,会进入创建应用界面,用鼠标拖动 4 个文字组件到操作界面中,按图 5-4-7 设置文字属性。用同样的方法完成其他文字属性的设置,完成后的文字效果如图 5-4-8 所示。

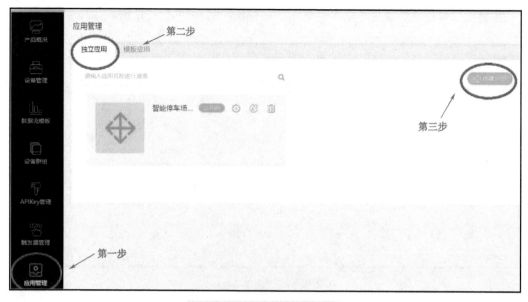

图 5-4-6 创建 Web 应用

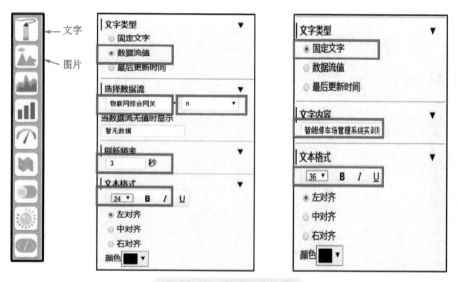

图 5-4-7 设置文字属性

图 5-4-8 文字效果图

步骤 3 设置图片。

（a）设置背景图片：选中一个图片组件，在右侧的"图片类型"中选择"单张图片"，然后单击"上传图片"按钮，上传文件 park.png，如图 5-4-9（a）所示。

（b）设置车位图片：选中一个图片组件，在右侧的"图片类型"中选择"根据数据流显示图片"，在"数据流"中选择"物联网综合网关"和"CheWei1"，"刷新频率"设为 3 秒，然后单击"上传图片"按钮，上传文件 beijing.png 作为默认图片，然后上传文件 car1.jpg，在其下方的"数据流值"文本框中输入"1"，如图 5-4-9（b）所示。

（c）用同样的方法完成其他图片的设置，设置好的室内停车场车位效果图如图 5-4-10 所示。

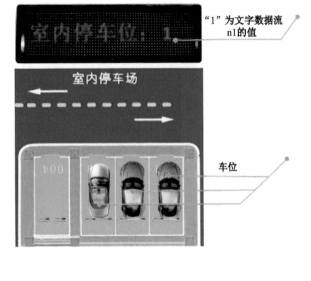

（a）背景图片　　　（b）车位图片

图 5-4-9　设置图片属性

图 5-4-10　室内停车场车位效果图

步骤 4　自主完成室外停车场车位图片的设置。

步骤 5　单击"下一步"按钮，进入"完善信息"界面，输入相关信息。

步骤 6　单击"保存"按钮，界面上会显示相关信息，如图 5-4-11 所示。通过发布链接可以将设计好的 Web 应用分享给别人，Web 应用界面如图 5-4-12 所示。

图 5-4-11　相关信息

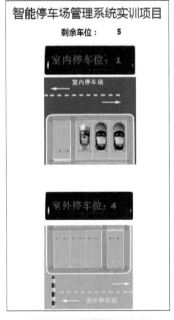

图 5-4-12　Web 应用界面

3. 手机端发布

利用二维码在线生成工具，可在手机端发布应用。搜索"在线生成 QR Code"，打开网页，将发布链接复制到"转

151

QR 码"的相应文本框中，然后单击"生成 QR 码"按钮，最后扫描二维码，即可完成发布（图 5-4-13）。

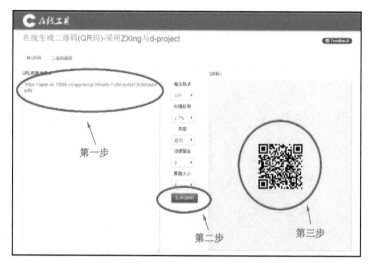

图 5-4-13　手机端发布应用

整个项目的最终效果如图 5-4-14 所示（超声波探测仪装在背面）。

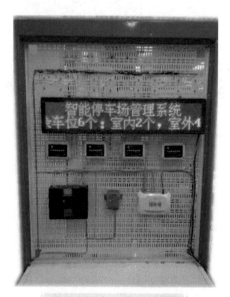

图 5-4-14　项目效果图

本项目电子资料包
可以扫描二维码查看

环境在线监测系统的安装与调试

工作情景 ●●●●●●

　　近年来我国北方多个省份空气质量下降明显，雾霾和 PM2.5 颗粒超标严重危害着人们的健康。士郎所在的公司最近通过招标网中标了北京市海淀区某小学的校园环境监测系统项目，项目中标价格为 20 万元，公司张经理为士郎简单介绍了项目情况：北京市海淀区某小学出于保护学生健康、提升科学管理水平、节约能源等方面的考虑，决定在学校建立环境监测系统，主要包括空气温湿度监测、土壤温湿度监测、PM2.5 监测、光照度监测、风速监测等方面。同时，学校要求在校园内醒目的公共区域实时展示环境参数，并配套开发一个 Windows 管理软件，辅助学校日常管理决策。

　　张经理介绍完情况后，让士郎第二天携带招标合同去学校签订，与学校总务处李主任进行进一步的沟通，并尽快制订实施方案。

项目描述 ●●●●●●

🕹 客户沟通

　　第二天，士郎带着合同来到了北京市海淀区某小学。签完合同后，士郎拜访了李主任并就校园环境监测系统做了进一步的沟通。

　　士　郎：李主任，您好，我是 ×× 公司的工程师士郎，很高兴我们公司能成为贵校校园环境监测系统的中标方，我司通过标书已对贵校的建设方案有了基本的了解，但仍有一些细节需要确定。

　　李主任：好的，我校也希望你司能圆满地完成此项工程，项目中有哪些细节不明白请你提出来。

　　士　郎：据我了解，贵校的环境监测主要包括空气温湿度监测、土壤温湿度监测、PM2.5 监测、光照度监测、风速监测，以上这些数据主要在学校哪些地点采集？采集这些数据分别有什么作用？

　　李主任：空气温湿度传感器要分为室内与室外，室外安装一个在楼顶，学校在夏天时要根据室外温度判断是否开展课间操活动；室内温湿度传感器须安装在我校教学楼 1～4 层，每层一个，学校要根据温度判断夏天是否需要开冷气，冬天是否需要输送暖气。土壤温湿度传感器主要安装在学校的几块草地上，用来决策是否需要喷淋。PM2.5 监测数据主要用来决策是否要开展户外活动。光照度监测数据主要用于判断路灯是否需要开启。

  士 郎：贵校领导的管理理念超前，通过校园最真实的环境数据来决策校园管理，实现绿色、节能、健康生活。另外我想请问，贵校希望通过什么形式展示这些数据呢？

  李主任：我们希望通过 LED 屏在公共区域展示这些数据。另外，希望贵公司能为我们开发一个 Windows 管理软件，实现配套的管理。

  士 郎：好的，李主任，贵校的需求我已了解，我将尽快制订项目方案，后续有需要沟通的地方我再联系您，我先告辞，再次感谢您。

  李主任：好的，再见！

方案制订

  根据客户的要求，士郎制订了环境监测系统设计方案，见表 6-0-1。

表 6-0-1 某小学环境监测系统设计方案

客户情况简介					
客户姓名	北京市海淀区××小学	电　话	134×××××××	地　址	北京市海淀区××路
资金预算	20万元	设计人	士　郎	日　期	2017年7月20日

客户情况描述：

  客户为北京市海淀区××小学，校园面积约50亩（33333m²），包含教学楼、办公楼、饭堂、操场、绿化草地等场所。为了体现智慧校园的管理理念，该小学计划在校园内安装一套环境监测系统。通过该系统，为学校在开展户外活动、组织课间操、供暖或打开冷气、草地喷淋管理、路灯管理等方面提供决策信息。

客户需求分析：

空气温湿度监测、土壤温湿度监测、PM2.5监测、光照度监测、风速监测、LED屏显示、环境监测软件开发

总体方案描述

 1．根据客户的要求，在办公楼楼顶、教学楼楼顶、饭堂、教学楼30间教室的合适位置分别安装35个空气温湿度传感器。通过空气温湿度传感器，为学校在组织课间操、开展户外活动、调节室内温度等方面提供决策信息

 2．在学校三块绿化草地上安装30个土壤温湿度传感器，为学校绿化喷淋管理提供决策信息

 3．在校园内室外空旷地带、教学楼、办公楼、饭堂共安装4个PM2.5传感器，为学校组织课间操、开展户外活动提供决策信息

 4．在学校30间教室、过道安装35个光照度传感器，为学校照明管理提供决策信息

 5．在校园内空旷地带分别安装东西向、南北向风速传感器两个

 6．在校门口、教学楼一楼、办公楼一楼分别安装一块LED屏用于显示环境参数

 7．在学校网络管理中心安装物联网综合网关一台，用于采集校园内的环境数据

 8．为学校开发在线环境监测管理软件一套，实现环境参数的实时采集，同时为智能照明、空调管理等功能预留接口

设备及费用清单			
设备或费用名称	数　量	品　牌	单价（元）
物联网综合网关	1	智嵌	20000
8AI2DI数据采集器	4	智嵌	1000
环境监测管理软件	1	定制	20000
空气温湿度传感器	35	智嵌	300
土壤温湿度传感器	30	智嵌	500

续表

设备或费用名称	数 量	品 牌	单价（元）
PM 2.5传感器	5	智嵌	300
光照度传感器	30	智嵌	300
风速传感器	2	智嵌	1000
LED屏	3	智嵌	5000
数据管理服务器	1	—	20000
耗材	若干	—	30000
施工费用	—	—	30000

士郎根据设计方案绘制了系统拓扑图，如图 6-0-1 所示。

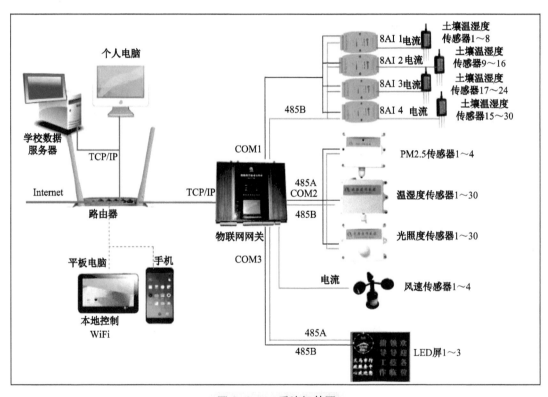

图 6-0-1 系统拓扑图

同时，士郎根据学校平面图，绘制了安装位置示意图，如图 6-0-2 所示。

3. 派工分配

士郎将设计方案及图纸转交给了工程部，工程部经理制作了派工单（表 6-0-2），并将任务转给小哀具体负责实施。

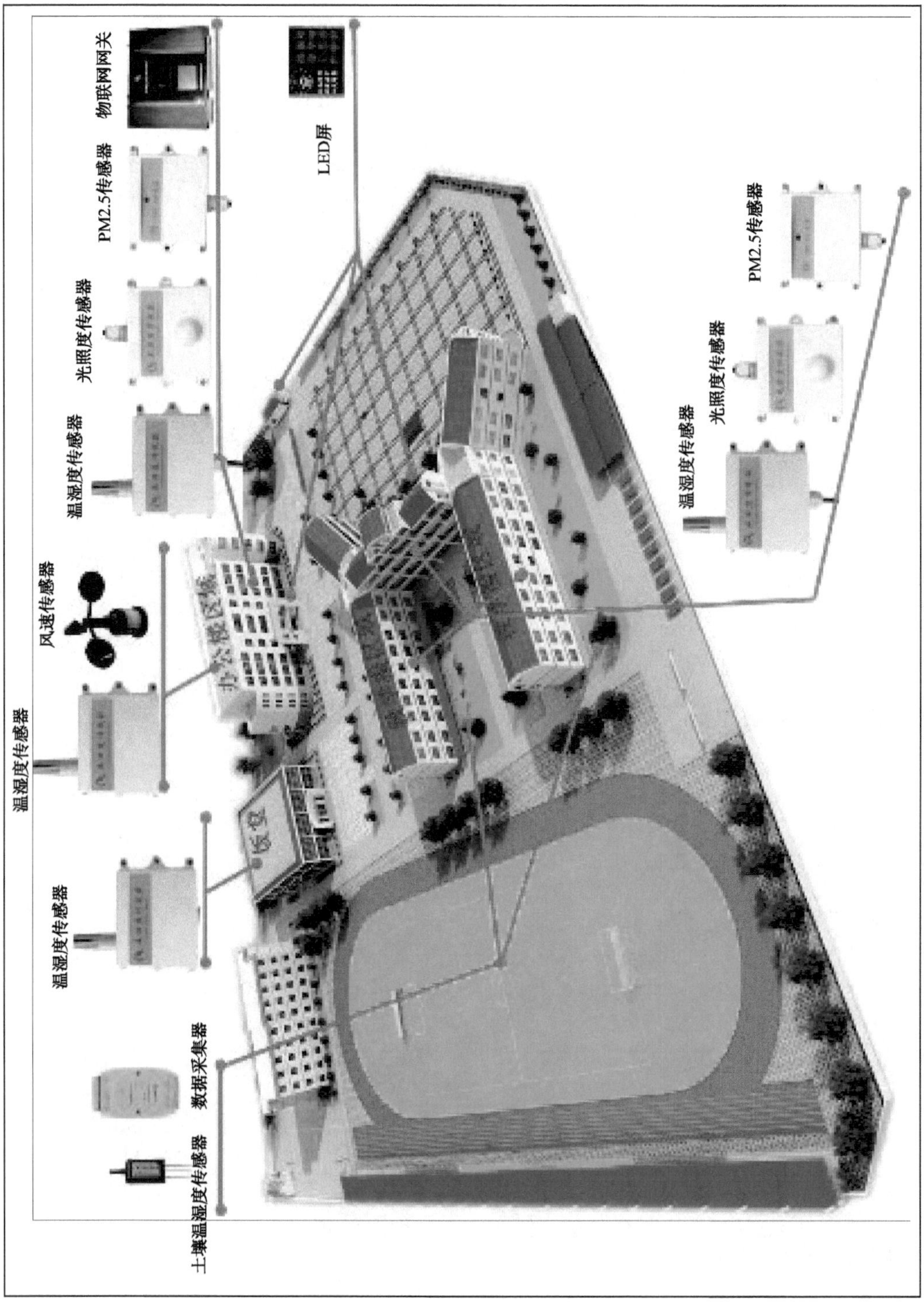

图 6-0-2 安装位置示意图

表 6-0-2　派工单

客户名称	北京市海淀区××小学	联系人	李主任	联系电话	134××××××××
施工地点	北京市海淀区××路	派出工程师	小 哀	派工时间	2017-07-25
工作内容	完成环境监测系统的硬件安装与软件开发，具体包括网络搭建与工程布线，空气温湿度传感器、土壤温湿度传感器、PM2.5传感器、光照度传感器、风速传感器、LED屏等设备的安装与调试，环境监测软件开发				
工作要求	严格按照安装、连线、测试、调试的步骤实施，保证设备运行正常、稳定 施工规范，操作安全，布线合理、美观、牢固 施工完成后，向客户介绍设备的使用方法 展示良好的公司形象，做到服务热情，与客户保持良好沟通，确保客户满意				
注意事项					
预计工时		开工时间		实际完工时间	
客户填写部分					
效果评价					
验收结果		客户签字			

小哀接到派工单后，将任务具体分解如下。

任务 1：电流输出型传感器的安装与调试。

任务 2：RS-485 型传感器的安装与调试。

任务 3：物联网网关数据采集与配置。

任务 4：环境监测系统 Windows 管理程序的设计与实现。

任务 1　电流输出型传感器的安装与调试

任务描述

根据项目方案与安装示意图，本项目中的电流输出型传感器包括土壤温湿度传感器和风速传感器，本任务选择项目中的一组土壤温湿度传感器和风速传感器进行安装与调试。连接示意图如图 6-1-1 所示。

本任务需要用到的设备与材料清单见表 6-1-1。

工具与设备如图 6-1-2 所示。

任务要求

制作 45° 对接的线槽。

完成路由器安装与网络搭建。

完成网关、数据采集器、风速传感器、土壤温湿度传感器的安装与调试。

遵守电工操作规范，设备安装与布线做到美观牢固、横平竖直。

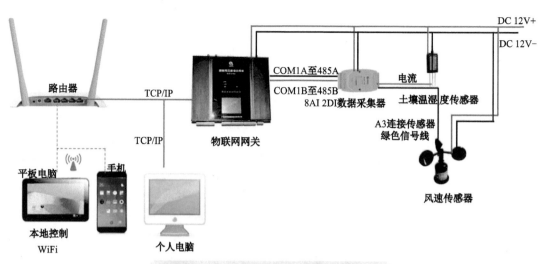

图 6-1-1　电流输出型传感器连接示意图

表 6-1-1　设备与材料清单

设备或材料名称	数　量	备　　注
物联网网关	1	智嵌
8AI2DI数据采集器	1	智嵌
风速传感器	1	—
土壤温湿度传感器	1	—
路由器	1	TP-LINK
电脑	1	—
网线、电源线	若干	电源线横截面积不小于1mm^2
工具及耗材	若干	—

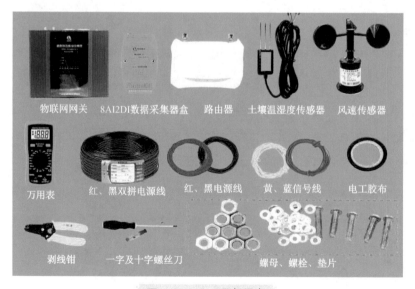

图 6-1-2　工具与设备

任务目标

了解电流输出型传感器。

能动手连接风速传感器、土壤温湿度传感器、数据采集器、网关的信号线与电源线。

知识链接

传感器是一种检测装置，能感受到被测量的信息并能将感受到的信息，按一定规律变换成电信号或其他所需形式的信息输出，以满足信息的传输、处理、存储、显示、记录和控制等要求。

传感器的特点包括：微型化、数字化、智能化、多功能化、系统化、网络化。它是实现自动检测和自动控制的首要环节。通常根据基本感知功能将其分为热敏、光敏、气敏、力敏、磁敏、湿敏、声敏、放射线敏感、色敏和味敏十大类。传感器按输出信号可分为数字传感器和模拟传感器，而模拟传感器又分为电流输出型、电压输出型等几种。

一、土壤温湿度传感器

土壤温湿度传感器一般有 RS-485 与电流输出两种通信形式，主要用于科学试验、节水灌溉、温室大棚、花卉蔬菜、草地牧场、土壤速测、植物培养、污水处理、粮食仓储等领域。

本任务采用的土壤温湿度传感器的主要技术参数见表 6-1-2。

表 6-1-2　土壤温湿度传感器的主要技术参数

测量参数	输出信号	4～20mA（电流型），电流信号负载调整率<0.004%/Ω，线性化信号输出
	量程	0～100%
	湿度测量精度	±3%（0～53%），±5%（>53%）
	温度测量范围	-30～70℃
	温度测量误差	<0.4℃（-10～70℃），<0.6℃（其他范围）
	响应时间	<0.1s
	测量稳定时间	<0.5s
	防护等级	IP68
电源参数	电源规格	9～24V DC（推荐12V DC）
	电流	50mA，12V DC
	浪涌保护	1.5kW
	电源过压、过流	40V，500mA
工作环境	工作温度、湿度	-40～80℃，5%～95%RH，不凝露
	存储温度、湿度	-60～85℃，5%～95%RH，不凝露

土壤温湿度传感器实物如图 6-1-3 所示。

本任务采用的土壤温湿度传感器的连接线见表 6-1-3。

图 6-1-3　土壤温湿度传感器实物图

表 6-1-3　土壤温湿度传感器的连接线

功　能	颜　色
电源正	棕色线
电源地	蓝色线
湿度信号输出	黑色线
温度信号输出	白色线
屏蔽线	金色线

土壤温湿度传感器的计算公式如下：

$$湿度（\%）= 输出电流 \times 6.25 - 25$$
$$温度（℃）= 输出电流 \times 6.25 - 55$$

式中，输出电流的单位为 mA。

二、风速传感器

风速传感器基于超声波时差法实现风速的测量，可连续监测风速和风量。

本任务采用的风速传感器的主要技术参数见表 6-1-4。

表 6-1-4　风速传感器的主要技术参数

项　目	参　数　名　称	参　数　值
测量参数	电缆出线方式	航空插头插拔式
	核心传感器类型	霍尼韦尔传感器
	信号输出方式	4～20mA电流信号输出
	传感器样式	三杯式
	启动风速	0.5m/s
	分辨率	0.1m/s
	有效风速测量范围	0～40m/s
	系统误差	±3%
	传输距离	大于1km
	传输介质	电缆传输
	接线方式	三线制
硬件参数	工作电压	12～24V
	最大功耗	4W
	重量	＜1kg
电源参数	电源规格	9～24V DC（推荐12V DC）
	电流	50mA、12V DC
	浪涌保护	1.5kW
	电源过压、过流	40V，500mA

本任务采用的风速传感器的实物如图 6-1-4 所示，连接线见表 6-1-5。

图 6-1-4　风速传感器

表 6-1-5　风速传感器的连接线

功　能	颜　色
电源正	红色线
电源地	黑色线
电流信号输出	绿色线

任务实施

一、工作任务与分工表

工作任务与分工表见表 6-1-6。

表 6-1-6　工作任务与分工表

工 作 任 务	具体任务描述	具 体 分 工
设备安装	制作线槽 固定路由器、物联网网关、8AI2DI数据采集器、风速传感器、土壤温湿度传感器等设备	
线路连接	物联网网关、8AI2DI数据采集器、风速传感器、土壤温湿度传感器等设备信号线与电源线的连接	
网络搭建	路由器设置 网线连接 IP地址设定	
设备调试	用万用表测量传感器数值	
其他	做到安全用电，遵循先测试再通电的原则 线路连接符合规范 安装过程中保持环境整洁，不乱丢工具、设备、线材 安装过程中不大声喧哗，不随意走动 安装过程中未出现工具、设备掉落等情况	

二、实施步骤

1. 设备安装与布线

步骤 1　将长度为 3m、宽度为 32mm 的线槽，切成两根长度为 80cm 的线槽和两根长度为 60cm 的线槽，对线槽进行 45° 切割，使 4 根线槽能围成一个矩形（图 6-1-5）。

步骤 2　设备通信线路连接（图 6-1-6）。

（a）将线槽、路由器、物联网网关、8AI2DI 数据采集器、风速传感器、土壤温湿度传感器等设备用螺钉固定在实训架上。

161

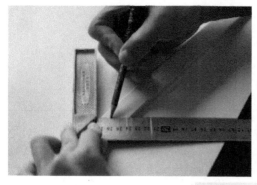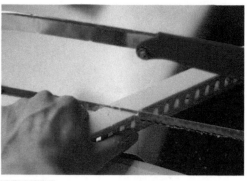

图 6-1-5 制作线槽

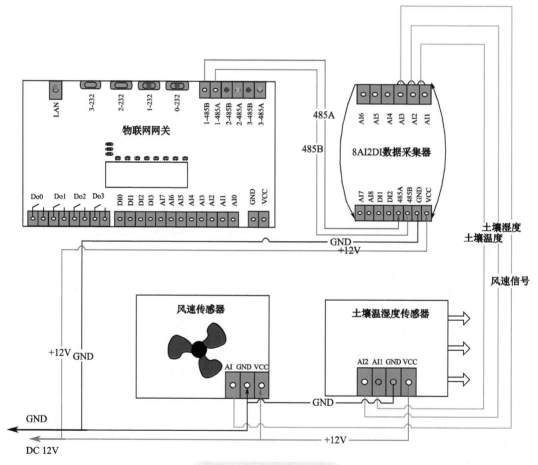

图 6-1-6 设备连线图

（b）将土壤温湿度传感器的温度输出信号线接至 8AI2DI 数据采集器的 AI0 端口，将土壤温湿度传感器的湿度输出信号线接至 8AI2DI 数据采集器的 AI1 端口。

（c）用两条信号线分别将 8AI2DI 数据采集器的 485A 与 485B 端口接至物联网网关 COM1 的 A、B 端口。

（d）将风速传感器的信号输出线（绿色）接至 8AI2DI 数据采集器的 AI2 端口。

步骤 3 将红、黑电源线从实训架的 12V 和 GND 端口引出，串联好物联网网关、

8AI2DI 数据采集器、风速传感器、土壤温湿度传感器 4 个设备，分别为以上设备供电。安装效果图如图 6-1-7 所示。

图 6-1-7 安装效果图

2. 网络搭建

步骤 1 用两条网线分别连接路由器与电脑、路由器与物联网网关。

步骤 2 设置路由器网关 IP 地址为 192.168.1.1，电脑 IP 地址为 192.168.1.2，物联网网关 IP 地址为 192.168.1.80。设置方法可参考项目 1 任务 1。

3. 测试

步骤 1 通电测试，用万用表测量数据采集器 AI0、AI1、AI2 端口的电流值，若电流值在设备的电流输出范围内，则表示传感器工作正常（设备的电流输出范围在设备上有标签标明）；若为 0 或超出电流输出范围，则须检查线路连接，排除信号干扰。

步骤 2 如图 6-1-8 所示，当前所用土壤温湿度传感器的电流输出范围是 _____ ～ _____ mA，当前测得的土壤温度电流值是 _____ ，根据计算公式得出当前土壤温度是 _____ 。当前测得的土壤湿度电流值是 _____ ，根据计算公式计算出的土壤湿度是 _____ 。

图 6-1-8 传感器测试图

任务 2 RS-485 型传感器的安装与调试

任务描述

根据项目方案与安装示意图，本项目中采用 RS-485 通信的设备包括温湿度传感器、PM2.5 传感器、光照度传感器、LED 屏，本任务选择项目中的一组温湿度传感器、PM2.5 传感器、光照度传感器、LED 屏进行安装与调试。设备连线图如图 6-2-1 所示。

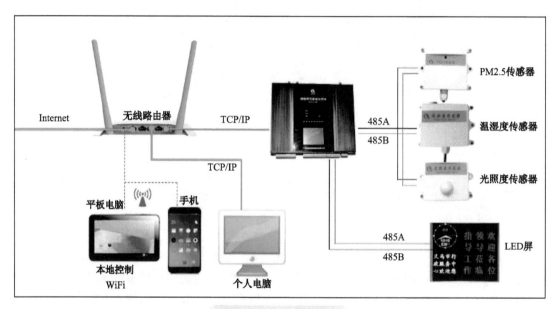

图 6-2-1 设备连线图

本任务需要用到的设备清单见表 6-2-1。

表 6-2-1 设备清单

设 备 名 称	数 量	备 注
PM2.5传感器	1	智嵌
温湿度传感器	1	智嵌
光照度传感器	1	—
LED屏	1	—

工具与设备如图 6-2-2 所示。

任务要求

完成温湿度传感器、PM2.5 传感器、光照度传感器、LED 屏的安装与调试。

了解 Modbus 协议，能通过指令读取 Modbus 设备的值。

遵守电工操作规范，设备安装与布线做到美观牢固、横平竖直。

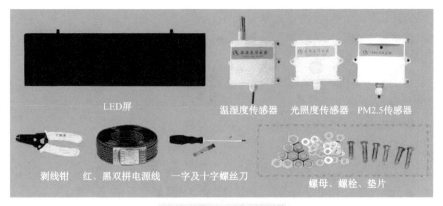

LED屏　　　　温湿度传感器　光照度传感器　PM2.5传感器

剥线钳　　红、黑双拼电源线　一字及十字螺丝刀　　　　螺母、螺栓、垫片

图 6-2-2　工具与设备

任务目标

了解 RS-485 通信协议。

能动手连接温湿度传感器、PM2.5 传感器、光照度传感器、LED 屏的通信线路与电源线。

知识链接

Modbus 协议是由 Modicon（现为施耐德电气公司的一个品牌）在 1979 年发明的，它是全球第一个真正用于工业现场的总线协议。Modbus 网络是一个工业通信系统，由带智能终端的可编程序控制器和计算机通过公用线路或局部专用线路连接而成，可用于数据采集和过程监控。Modbus 网络只有一个主机，最多可支持 247 个远程从属控制器。

一、特点

用户可以免费使用 Modbus 协议，无须交纳许可证费，也不会侵犯知识产权。目前，支持 Modbus 协议的厂家超过 400 家，支持 Modbus 协议的产品超过 600 种。

Modbus 协议支持多种电气接口，如 RS-232、RS-485 等；还可以在各种介质上传送，如双绞线、光纤、无线等。

Modbus 协议的帧格式简单、紧凑，通俗易懂。用户使用容易，厂商开发简单。

二、传输模式

Modbus 系统有两种传输模式，一种模式是 ASCII（美国信息交换码），另一种模式是 RTU（远程终端设备）。每个 Modbus 系统只能使用一种模式，不允许两种模式混用。

三、使用 Modbus 协议读取温湿度传感器数据的示例

将本任务采用的温湿度传感器通电后，使用 485/232 转换头连接温湿度传感器的 485A、485B 线，再连接电脑串口，打开串口调试工具，如图 6-2-3 所示。

设置温湿度传感器的设备地址，具体格式见表 6-2-2。

例如，将设备地址设为 0x0F，读取温度的指令格式见表 6-2-3。

读取湿度的指令格式见表 6-2-4。

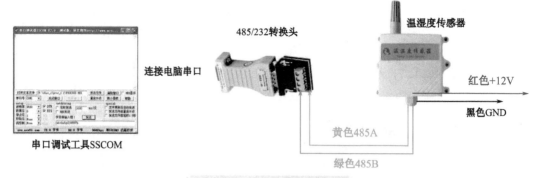

连接电脑串口

485/232转换头

温湿度传感器

红色+12V

黑色GND

黄色485A

绿色485B

串口调试工具SSCOM

图 6-2-3　设备连线示意图

表 6-2-2　设备地址格式

数据头1	数据头2	设备类型	设备地址	校验和
0xFA	0xFB	0x09	xx	前4位校验和

表 6-2-3　读取温度的指令格式

设备地址	功能码	地址编号高位	地址编号低位	寄存器数高位	寄存器数低位	CRC校验高位	CRC校验低位
0x0F	0x04	0x01	0x2B	0x00	0x01	0x41	0x10

表 6-2-4　读取湿度的指令格式

设备地址	功能码	数据长度	温度高位	温度低位	CRC校验高位	CRC校验低位
0x0F	0x04	0x02	0x0B	0xC4	0xD6	0x52

转换公式如下：

$$温湿度的值 = 温湿度高位 \times 256 + 温湿度低位/100$$

任务实施

一、工作任务与分工表

工作任务与分工表见表 6-2-5。

表 6-2-5　工作任务与分工表

工 作 任 务	具体任务描述	具 体 分 工
设备安装	将温湿度传感器、PM2.5传感器、光照度传感器、LED屏固定在实训架上	
线路连接	连接温湿度传感器、PM2.5传感器、光照度传感器、LED屏的485通信线到网关，并为各传感设备接通电源线	
其他	做到安全用电，遵循先测试再通电的原则 线路连接符合规范 安装过程中保持环境整洁，不乱丢工具、设备、线材 安装过程中不大声喧哗，不随意走动 安装过程中未出现工具、设备掉落等情况	

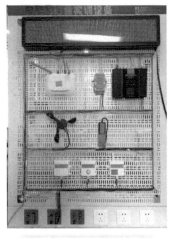

图 6-2-4　安装效果图

二、实施步骤

步骤 1　将温湿度传感器、PM2.5 传感器、光照度传感器、LED 屏固定在实训架上（图 6-2-4）。

步骤 2　将温湿度传感器、PM2.5 传感器、光照度传感器的 485A、485B 端口连接至物联网网关的 COM1 端口，将 LED 屏的 485A、485B 端口连接至物联网网关的 COM2 端口。

步骤 3　从实训架上引出 12V 电源线，分别接至温湿度传感器、PM2.5 传感器、光照度传感器，将 LED 屏的电源插头插入 220V 电源插座。

任务 3　物联网网关数据采集与配置

任务描述

根据项目方案与安装示意图，本项目所有传感器的数据均通过物联网网关进行采集。本任务将采用 Lua 语言进行程序设计，实现网关对任务 1 和任务 2 安装好的传感器数据的采集，同时将采集到的数据显示出来，为空调、喷淋、照明等设备提供控制接口。程序流程如图 6-3-1 所示。

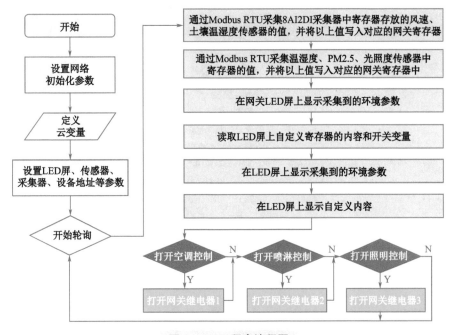

图 6-3-1　程序流程图

本任务需要用到的设备与软件清单见表 6-3-1。

表 6-3-1 设备与软件清单

名　称	数　量	备　注
环境监测系统硬件（网关、采集器、传感器等）	1	任务1、任务2已完成
PC	1	—
网关脚本Lua程序编辑器	1	—

任务要求

通过设计网关程序，完成对温湿度传感器、PM2.5 传感器、光照度传感器、风速传感器与土壤温湿度传感器数据的采集和显示。

任务目标

学会设置温湿度传感器、PM2.5 传感器、光照度传感器、8AI2DI 数据采集器的设备参数。学会采集温湿度传感器、PM2.5 传感器、光照度传感器、8AI2DI 数据采集器的数据。能通过网关 LCD 屏、LED 屏显示采集到的数据。

知识链接

在本任务中，主要用到以下几个函数。

一、设置 Modbus RTU 设备地址

格式：set_device_addr（RTU 设备所在网关的串口号，设备类型，要设置的设备地址）。该函数的用法见表 6-3-2。

表 6-3-2 函数 set_device_addr( ) 的用法

参　数	类　型	说　明
com	int	0、1、2、3分别对应网关的串口0~3
dev_type	int	设备类型： 0x09——温湿度传感器 0x08——光照度传感器 0x02——PM2.5传感器 0x04——8AI2DI数据采集器 0x06——8UI2DI数据采集器 0x05——4DI4DO数据采集器 0x07——智能触摸开关模块 0x01——红外伴侣模块
address	int	要设置的设备地址：0~0xff
返回值	void	

例如，设置温湿度传感器地址为 0x0e，代码如下：

```
set_device_addr(1, 0x09, 0x0e)
```

二、读取 Modbus RTU 设备 input 状态寄存器的值

格式：modbus_rtu_read_input_register（串口号，设备地址，寄存器起始地址，寄存器数量，读取值的类型）。

该函数的用法见表 6-3-3。

表 6-3-3　函数 modbus_rtu_read_input_register( ) 的用法

参　　数	类　　型	说　　明
com	int	0、1、2、3分别对应网关的串口0～3
id	int	设备地址，1≤id≤254
addr	int	寄存器起始地址，0～0xffff
Num	int	线圈寄存器数量，1～8
type	str	读取变量的类型
返回值	float	—

任务实施

一、工作任务与分工表

工作任务与分工表见表 6-3-4。

表 6-3-4　工作任务与分工表

工 作 任 务	具体任务描述	具 体 分 工
初始化	设置网络通信参数，开启通信端口	
定义变量	为每个需要采集的数据定义变量并与寄存器关联	
设置参数	设置LED屏、传感器、采集器的参数	
采集数据	采集传感器的数据并存入寄存器	
输出显示	在网关LCD屏及LED屏上显示采集到的数据 判断控制变量并提供空调、喷淋、照明等设备的控制接口	

二、实施步骤

步骤 1　运行网关脚本 Lua 程序编辑器，选择"运行"→"上传配置到本地"，在弹出的窗口中输入网关地址（网关地址可以在网关重启的过程中查看），使网关与编辑器相互关联。

步骤 2　设置网关的网络参数，开启网关的 Web 端口，代码如下所示。

```
release();
sys_set_eth0("192.168.1.80","255.255.255.0","192.168.1.1");--设置网络
sys_set_eth0_dns("192.168.1.1");--设置DNS
start_web_server(8000);--开启Web访问端口8000
```

步骤 3　设置存放各类传感器数据的云变量，并设置变量的寄存器地址，代码如下所示。

```
add_cloud_value("trwd",1001,"float");-- 设置土壤温度云变量
add_cloud_value("trsd",1005,"float");-- 设置土壤湿度云变量
add_cloud_value("fs1",1011,"float");-- 设置风速云变量
add_cloud_value("wd",1041,"float");-- 设置环境温度云变量
add_cloud_value("sd",1045,"float");-- 设置环境湿度云变量
add_cloud_value("pm",1051,"float");-- 设置PM2.5云变量
add_cloud_value("gz",1055,"float");-- 设置光照度云变量
add_cloud_value("LedStr",1125,"str");--设置LED自定义推送内容
add_cloud_value("toggleKT",1161,"int");--设置开关空调变量
add_cloud_value("toggleZM",1161,"int");--设置开关照明变量
add_cloud_value("togglePL",1161,"int");--设置开关喷淋变量
```

步骤 4 设置数据采集器、传感器、LED 屏的参数，具体参数见表 6-3-5。

表 6-3-5　设备参数表

设 备 名 称	波 特 率	设 备 地 址	使用的网关串口
8AI2DI数据采集器	9600	0x01	1
温湿度传感器	9600	0x05	1
PM2.5传感器	9600	0x10	1
光照度传感器	9600	0x04	1
LED屏	115200		2

相关代码如下所示。

```
sys_set_com(1,9600,"none",8,1);    --传感器
sys_set_com(2,115200,"none",8,1);  --LED屏
set_device_addr(1,0x04,0x01);--设置8AI2DI设备地址
set_device_addr(1,0x02,0x10);--设置 PM2.5传感器设备地址
set_device_addr(1,0x08,0x04);--设置光照度传感器设备地址
set_device_addr(1,0x09,0x05);--设置温湿度传感器设备地址
LCD_CLS(0);--为网关LCD屏清屏
```

步骤 5 开始数据采集与显示轮询。

（a）编写轮询死循环代码，将后续所有代码嵌入轮询循环体中，如下所示。

```
while 1 do --开始轮询
  --在此代码块内嵌入查询与显示的代码
end --结束轮询
```

（b）采集土壤温湿度传感器、光速传感器的数据并将其存入寄存器，代码如下所示。

```
trwd=modbus_rtu_read_input_register(1,0x01,0x0f9f,1,"float");
trsd=modbus_rtu_read_input_register(1,0x01,0x0fa0,1,"float");
--通过Modbus读取8AI2DI数据采集器中的温湿度寄存器的值
trwd1=(trwd)/10;--将读出的土壤温度进行单位换算并赋值给新变量trwd1
trsd1=(trsd)/10;--将读出的土壤湿度进行单位换算并赋值给新变量trsd1
sys_write_register(1001,trwd1,"float");--将土壤温度值存入寄存器
sys_write_register(1005,trsd1,"float");--将土壤湿度值存入寄存器
fs1=modbus_rtu_read_input_register(1,0x01,0x0fa1,1,"float");
--通过Modbus读取8AI2DI数据采集器中的风速传感器的值
fs2=(fs1)/100;
--风速值进行单位换算
sys_write_register(1011,fs2,"float");--将风速传感器的值存入网关寄存器
delay(150);--延时150毫秒
```

（c）采集温湿度传感器、PM2.5 传感器、光照度传感器的数据，代码如下所示。

```
wd=modbus_rtu_read_input_register(1,0x05,0x012B,1,"float");
sd=modbus_rtu_read_input_register(1,0x05,0x012C,1,"float");
--通过Modbus读取温湿度传感器中对应寄存器地址的值
wd1=(wd)/100;--单位换算
sd1=(sd)/100;--单位换算
```

```
sys_write_register(1041,wd1,"float");--将数值存入寄存器
sys_write_register(1045,sd1,"float");--将数值存入寄存器
delay(200);--延时200毫秒
pm=modbus_rtu_read_input_register(1,0x10,0x012B,1,"float");
--通过Modbus读取PM2.5传感器中对应寄存器地址的值
pm1=(pm)/100;--单位换算
sys_write_register(1051,pm1,"float");--将数值存入寄存器
delay(200);--延时200毫秒
gz=modbus_rtu_read_input_register(1,0x04,0x012B,1,"float");
--通过Modbus读取光照度传感器中对应寄存器地址的值
gz1=(gz)/100;--单位换算
sys_write_register(1055,gz,"float");--将数值存入寄存器
delay(150);--延时150毫秒
```

（d）在网关 LCD 屏上显示采集到的数据，代码如下所示。

```
LCD_DS16(0,0,"北京市海淀区X小学气象监测站",10);
LCD_DS16(40,40,"温度:"..wd1.."℃",10);
LCD_DS16(40,60,"湿度:"..sd1.."RH%",10);
LCD_DS16(40,80,"土壤温度:"..trwd1.."℃",10);
LCD_DS16(40,100,"土壤湿度:"..trsd1.."RH%",10);
LCD_DS16(40,120,"PM2.5:"..pm,10);
LCD_DS16(40,140,"风速:"..fs2.."m/s",10);
LCD_DS16(40,160,"光照:"..gz.."lm",10);
```

网关 LCD 屏显示效果如图 6-3-2 所示。

（e）在 LED 屏上显示采集到的数据与自定义信息，代码如下所示。

```
Ledstr1=sys_read_register(1125,"str");
--读取LED屏自定义信息
LED_DS(2,Ledstr1,48,0,0x01,0x01,0);
--LED屏显示滚动定义信息
```

LED 屏显示效果如图 6-3-3 所示。

图 6-3-2　网关 LCD 屏显示效果图　　　　图 6-3-3　LED 屏显示效果图

（f）读取空调控制、喷淋控制、照明控制寄存器内容，判断是否开启网关继电器（0 表示关闭，1 表示开启），代码如下所示。

```
kt=sys_read_register(1161,"int");--读取空调寄存器
pl=sys_read_register(1163,"int");--读取喷淋寄存器
zm=sys_read_register(1165,"int");--读取照明寄存器
--根据值控制网关寄存器
if kt==1 then SetDO(1,1); else SetDO(1,0); end
if pl==1 then SetDO(2,1); else SetDO(2,0); end
if pl==1 then SetDO(3,1); else SetDO(3,0); end
```

（g）完成程序编写后，选择"运行"→"下载配置到网关"，查看效果。

（h）完成测试与优化程序。优化思路一方面集中在轮询中如何采用多线程模式来采集与显示数据，以提高执行效率；另一方面在控制网关继电器方面进行优化，如避免每次

轮询反复开关网关继电器。

（i）填写以下网关函数参数的意义。

modbus_rtu_read_input_register（_____，_____，_____，

_____，_____）

set_device_addr（_____，_____，_____）

（j）智嵌物联网综合网关共包含_____个寄存器，起始地址为

_____，结束地址为_____。

环境监测系统 Windows 管理程序的设计与实现

任务描述

根据项目方案，本任务将完成校园环境监测系统 Windows 管理程序的开发，主要功能包括采集各类环境数据，自定义 LED 屏的显示内容，控制各类与环境相关的设备等。具体的程序界面设计可参考图 6-4-1。

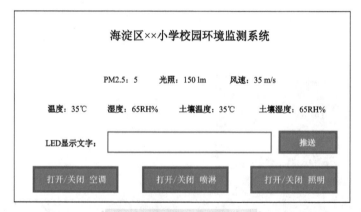

图 6-4-1　程序界面设计图

本任务需要用到的设备与软件清单见表 6-4-1。

表 6-4-1　设备与软件清单

名　称	数　量	备　注
环境监测系统硬件（网关、采集器、传感器等）	1	任务1、任务2已完成
网关程序	1	任务3已完成
Visual Studio	1	

任务要求

通过设计程序，完成对温湿度传感器、PM2.5 传感器、光照度传感器、风速传感器与土壤温湿度传感器数据的采集和显示，同时自定义 LED 屏显示文本，控制与环境相关的

设备。

任务目标

能完成简单的 Windows 程序设计。

能通过程序采集温湿度传感器、PM2.5 传感器、光照度传感器、8AI2DI 数据采集器的参数值。

能通过程序设置 LED 屏的显示内容。

能通过程序控制与环境相关的设备。

知识链接

一、Visual Studio

Visual Studio 是目前最流行的 Windows 平台应用程序的集成开发环境，是美国微软公司的开发工具包系列产品。它是一个完整的开发工具集，包括整个软件生命周期中所需要的大部分工具。Visual Studio 的工作界面如图 6-4-2 所示。

图 6-4-2　Visual Studio 工作界面

图标	名称	中文名称	作用
🆗	Button	按钮控件	为用户提供按钮事件
A	Label	文本控件	显示文本
▦	Panel	面板控件	控件容器
☑	CheckBox	复选框控件	同时提供多个选项
🆎	TextBox	文本框控件	运行时供用户输入信息

图 6-4-3　本任务中要用到的控件

二、本任务中要用到的控件

本任务中要用到的控件有 Button、Label、Panel、TextBox 等，这些控件的名称与作用如图 6-4-3 所示。

要使用控件，须先在工具箱中找到该控件并将其拖到窗体中，然后在属性管理器中改变其属性，具体方法如图 6-4-4 所示。

173

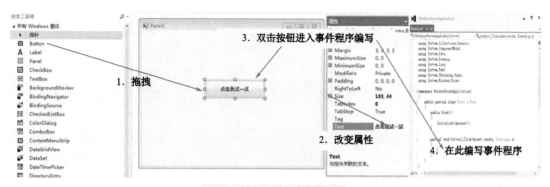

图 6-4-4　控件使用方法

任务实施

一、工作任务与分工表

工作任务与分工表见表 6-4-2。

表 6-4-2　工作任务与分工表

工 作 任 务	具 体 任 务 描 述	具 体 分 工
界面设计	设计环境监测系统管理程序界面	
环境参数采集	通过 HttpPost 与 HttpGet 方法与网关进行通信	
LED 屏文字显示	通过程序向网关推送 LED 屏显示内容	
打开或关闭环境相关设备	通过向网关对接变量推送内容，控制环境相关设备的开关	
程序优化	通过多线程与委托优化程序	

二、实施步骤

步骤 1　如图 6-4-5 所示，打开浏览器，输入网关 IP 地址"http://192.168.0.80:8000"，能获取数据则表示网络通信正常，然后进行下面的步骤。

, ; trwd, 20.40; trsd, 65.50; fs1, 1.90; wd, 29.58; sd, 74.22; pm, 0.72; gz, 91.00; LedStr, 0; LedOnOff, 0;

图 6-4-5　访问网关云变量

步骤 2　运行 Visual Studio，选择菜单栏"文件"→"新建"→"项目"，新建 Visual C#Windows 程序（图 6-4-6）。

步骤 3　完成界面设计与控件的添加。

选中窗体，在其属性管理器中找到"BackgroundImage"属性，导入背景图片（图 6-4-7）。

图 6-4-6　新建项目

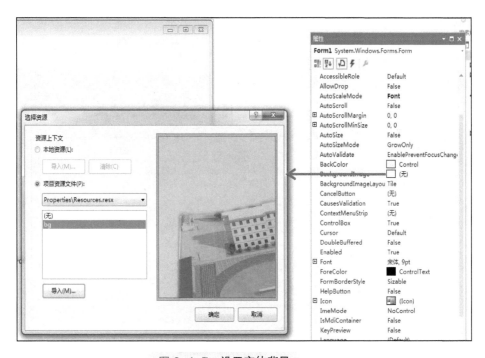

图 6-4-7　设置窗体背景

　　在工具箱中找到要用的控件，将其拖至窗体指定位置，并修改其属性。控件及属性见表 6-4-3，程序界面及控件位置如图 6-4-8 所示。

表 6-4-3　控件及属性

控件名称	控件类型	属性
lbl_title	标签	Font: 微软雅黑, 28pt, style=Bold FontColor: OrangeRed
lbl_pm	标签	Font:宋体, 15.75pt, style=Bold
lbl_fs	标签	Font:宋体, 15.75pt, style=Bold
lbl_gz	标签	Font:宋体, 15.75pt, style=Bold
lbl_wd	标签	Font:宋体, 15.75pt, style=Bold
lbl_sd	标签	Font:宋体, 15.75pt, style=Bold
lbl_trwd	标签	Font:宋体, 15.75pt, style=Bold
lbl_trsd	标签	Font:宋体, 15.75pt, style=Bold
lbl_led	标签	Font:宋体, 15.75pt, style=Bold
txt_led	文本框	Font:宋体, 15.75pt, style=Bold
btn_led	按钮	默认
btn_kongtiao	按钮	默认
btn_penglin	按钮	默认
btn_deng	按钮	默认

图 6-4-8　程序界面及控件位置

步骤 4　右键单击解决方案资源管理器，选择"添加"→"类"，新建 HttpClient 类，完成与网关的通信（图 6-4-9）。

HttpClient 类负责与网关进行 HTTP 通信，包含 HttpGet 和 HttpPost 两个方法，HttpGet 方法程序如下：

图 6-4-9　新建程序类

```
static CookieContainer cookie = new CookieContainer();
public static string HttpGet(string Url)
{
    HttpWebRequest request = (HttpWebRequest)WebRequest.Create(Url);
    request.Method = "GET";
    request.ContentType = "application/x-www-form-urlencoded";
    string retString = "";
    try
    {
        HttpWebResponse response = (HttpWebResponse)request.GetResponse();
        Stream myResponseStream = response.GetResponseStream();
        StreamReader myStreamReader = new StreamReader(myResponseStream, Encoding.GetEncoding("utf-8"));
          retString = myStreamReader.ReadToEnd();
        myStreamReader.Close();
        myResponseStream.Close();
    }
    catch
    {
    }
    return retString;
}
```

HttpPost 方法的具体程序如下：

```
public static string HttpPost(string Url, string postDataStr)
{
    HttpWebRequest request = (HttpWebRequest)WebRequest.Create(Url);
    request.Method = "POST";
    request.ContentType = "application/x-www-form-urlencoded";
    string retString = "";
    try
    {
        Stream myRequestStream = request.GetRequestStream();
        StreamWriter myStreamWriter = new StreamWriter(myRequestStream, Encoding.GetEncoding("GB2312"));
        myStreamWriter.Write(postDataStr);
        myStreamWriter.Close();
        HttpWebResponse response = (HttpWebResponse)request.GetResponse();
        response.Cookies = cookie.GetCookies(response.ResponseUri);
        Stream myResponseStream = response.GetResponseStream();
        StreamReader myStreamReader = new StreamReader(myResponseStream, Encoding.GetEncoding("utf-8"));
        retString = myStreamReader.ReadToEnd();
        myStreamReader.Close();
        myResponseStream.Close();
    }
    catch
    {
        //超时处理
    }
}
```

177

```
        return retString;
    }
```

步骤 5　调用 HttpClient 类的 HttpGet 方法，采集网关的数据，并将其转换为 JSON 格式。

右键单击解决方案资源管理器，选择"添加引用"→"浏览"，然后选择动态库文件 Newtonsoft.Json.dll 完成引用。

新建 getData 方法，调用 HttpClient 类的 HttpGet 方法，采集网关的数据，并将其转换为 JSON 格式。具体程序如下：

```
private JObject getData()
{
    string data = (HttpClient.HttpGet("http://192.168.0.80:8000/")); //调用Get方法
    data = data.Replace(",", "\":\"").Replace(";", "\",\"");//换转为JOSN格式
    data = "{" + data.Substring(5, data.Length - 7) + "}";//换转为JOSN格式
    JObject obj = new JObject();
    obj = (JObject)JsonConvert.DeserializeObject(data);//转换为JSON对象
    return obj;
}
```

新建 showData 方法，将采集到的 JSON 数据赋值给对应的标签。具体程序如下：

```
private void showData()
{
    JObject obj = getData();//调用取网关数据方法
    lbl_fs.Text = "风速: " + obj["fs1"].ToString()+"m/s";
    lbl_gz.Text = "光照: " + obj["gz"].ToString() + "lm";
    lbl_pm.Text = "PM2.5: " + obj["pm"].ToString() ;
    lbl_sd.Text = "温度: " + obj["wd"].ToString() + "℃";
    lbl_trsd.Text = "土壤温度: " + obj["trwd"].ToString() + "℃";
    lbl_trwd.Text = "土壤湿度:" + obj["trsd"].ToString() + "RH%";
    lbl_wd.Text = "湿度: " + obj["sd"].ToString() + "RH%";
}
```

在 Form1_Load 方法中调用 showData 方法，完成数据的显示。运行程序，可看到程序界面中显示出获取的数据。

步骤 6　双击 btn_led 按钮，进入按钮事件程序编写，通过 HttpClient 类的 HttpPost 方法向网关推送 LED 屏要显示的内容。具体程序如下：

```
private void btn_led_Click(object sender, EventArgs e)
{
    string status=HttpClient.HttpPost("http://192.168.0.80:8000/", "LedStr="+txt_led.Text);
    MessageBox.Show(status=="OK"?"设置成功! ":"设置失败");
}
```

步骤 7　通过 HttpClient 类的 HttpPost 方法向网关发送控制空调、喷淋、照明设备的指令。具体程序如下：

```
private void btn_kt_Click(object sender, EventArgs e)
{
    string status = HttpClient.HttpPost("http://192.168.0.80:8000/",this.btn_kt.Text == "打开空调" ? "toggleKT=1" : "toggleKT=0");
    MessageBox.Show(status == "OK" ? "设置成功! " : "设置失败");
    if(status=="OK")
    this.btn_kt.Text = this.btn_kt.Text == "打开空调" ? "关闭空调" : "打开空调";
}
private void btn_pl_Click(object sender, EventArgs e)
{
    string status = HttpClient.HttpPost("http://192.168.0.80:8000/", this.btn_pl.Text == "打开喷淋" ? "togglePL=1" : "togglePL=0");
    MessageBox.Show(status == "OK" ? "设置成功! " : "设置失败");
    if (status == "OK")
    this.btn_pl.Text = this.btn_pl.Text == "打开喷淋" ? "关闭喷淋" : "打开喷淋";
}
private void btn_zm_Click(object sender, EventArgs e)
{
    string status = HttpClient.HttpPost("http://192.168.0.80:8000/", this.btn_zm.Text == "打开照明" ? "toggleZM=1" : "toggleZM=0");
    MessageBox.Show(status == "OK" ? "设置成功! " : "设置失败");
    if (status == "OK")
    this.btn_zm.Text = this.btn_zm.Text == "打开照明" ? "关闭照明" : "打开照明";
}
```

步骤8 优化程序，以多线程和委托的形式采集数据。具体程序如下：

```
public partial class Form1 : Form
{
    delegate void MyDelegate(JObject obj); //声明委托
    MyDelegate _MyDelegate;//定义委托
    private Thread t; //声明线程
    private void Form1_Load(object sender, EventArgs e)//窗体加载方法
    {
        this.panel1.BackColor = Color.FromArgb(200, Color.White);//调整Panel控件透明度
        _MyDelegate = new MyDelegate(showData);//委托关联执行方法
        t = new Thread(Run);//新建线程
        t.Start();//启动线程
    }
    private void Form1_FormClosing(object sender, FormClosingEventArgs e) //窗体关闭方法
    //须在Form1.Designer.cs文件中添加事件关联
    //this.FormClosing += new System.Windows.Forms.FormClosingEventHandler(this.Form1_FormClosing);
    {
        t.Abort();//中止线程
        Application.Exit();
    }
    private void Run()//线程启动入口
    {
        while (true)
        {
            this.Invoke(_MyDelegate, getData());//将数据发送给委托
            Thread.Sleep(1000);//线程休眠1秒
        }
    }
    private void showData(JObject obj) //加委托后此处修改成这样
    {
        lbl_fs.Text = "风速：" + obj["fs1"].ToString()+"m/s";
```

程序运行效果如图 6-4-10 所示。

图 6-4-10 程序运行效果图

179

智慧会议室系统的安装与调试

工作情景 ●●●●●●

东利公司位于一线城市，现计划投入 5 万元进行智慧会议室系统的建设，主要用于日常的内部培训、办公会议、讨论型会议、视频会议、小型报告会等。

系统主要功能包括：使用移动终端手动或自动开关设备（投影仪、空调、照明灯、排气扇）；获取温湿度、光照度、PM2.5 等传感器数据，在 LED 屏上显示传感器数据，根据各传感器数据进行开关设备的联动操作。

刘经理了解上述情况后安排士郎、小哀和保加利负责该项目。士郎负责与客户沟通并设计系统方案，小哀负责工程安装。保加利负责程序开发，并对客户进行功能介绍和使用说明。

项目描述 ●●●●●●

🥚 客户沟通

士郎接到任务后，与东利公司的王总取得了联系，前往东利公司实地考察，两人沟通情况如下。

士　郎：王先生您好，我是 ×× 智能科技有限公司的工程师，很高兴为您服务。

王　总：你好，我司要新装修一间会议室，想添加智能化系统，不知道你们有什么好的方案没有？

士　郎：我们公司的主要业务就是进行智能化改造，您有什么具体的要求吗？

王　总：我们的预算在 5 万元左右，会议室面积为 200m²，有 8 个窗户，要求系统具有现代化、专业化、智能化的特点，必须采用成熟的技术和高端产品。

士　郎：我们公司会按照您的要求进行设计和安装，一定能令您满意。

👥 方案制订

根据客户的要求，士郎制订了智慧会议室系统设计方案，见表 7-0-1。

士郎根据设计方案绘制了系统拓扑图，如图 7-0-1 所示。

士郎还绘制了系统安装示意图，如图 7-0-2 所示。

表 7-0-1　智慧会议室系统设计方案

客户情况简介					
客户姓名	东利公司	电　话	135××××××××	地　址	××市××路255号
资金预算	5万元	设计人	士　郎	日　期	2017年8月8日

客户情况描述：

客户资金预算为5万元

系统要具有现代化、专业化、智能化的特点

系统要采用成熟的技术和高端产品

会议室面积为200m²，有8个窗户

遵循实用性原则，把实用性作为第一要素进行考虑，在满足功能需求的基础上做到操作方便、维护简单、管理简便

要具有可扩充性和可维护性，要为系统以后的升级预留接口，要充分考虑结构设计的合理性和规范性

遵循经济性原则，在保证系统先进、可靠和高性能价格比的前提下，通过优化设计使系统最经济

客户需求分析：

实现智能照明、智能排气、远程控制、智能窗帘、智能空调、智能投影

总体方案描述
1．根据客户的需求、场地实际情况及资金预算，引入智能网关
2．智能网关为主控单元，主要用于获取传感器数据和控制智嵌云控模块发送指令
3．安装RF触摸开关
4．安装RF通信电动窗帘导轨
5．在会议室内安装温湿度、PM2.5、光照度等传感器

设　备　清　单		
设　备　名　称	数　　量	品　　牌
物联网网关	3	智嵌
智嵌云控	3	智嵌
智能路由器	5	TP-LINK
温湿度传感器	8	智嵌
光照度传感器	8	智嵌
PM2.5传感器	8	智嵌
可调节LED灯	20	盛莱普
电动窗帘	8	林亚
排气扇	8	其他
RF触摸开关	10	智嵌

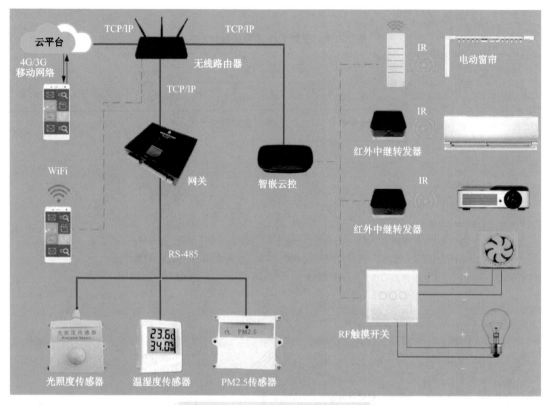

图 7-0-1　智慧会议室系统拓扑图

图 7-0-2　智慧会议室系统安装示意图

3. 派工分配

士郎将设计方案及图纸转交给了工程部，工程部经理制作了派工单（表 7-0-2），并将任务转给小哀具体负责实施。

表 7-0-2　派工单

公司名称	东利公司	联系人	王　总	联系电话	135××××××××
施工地点	××市××路255号	派出工程师	小　哀	派工时间	2017年8月20日
工作内容	安装和调试智慧会议室系统				
工作要求	严格按照安装、连线、测试、调试的步骤实施，保证设备运行正常、稳定 施工规范，操作安全、布线合理、美观、牢固 施工完成后，向客户介绍设备的使用方法 展示良好的公司形象，做到服务热情，与客户保持良好沟通，确保客户满意				
注意事项	要为系统以后的升级预留接口，要充分考虑结构设计的合理性和规范性，对系统维护可以在很短的时间内完成				
预计工时	10工时	开工时间		实际完工时间	
客户填写部分					
效果评价					
验收结果			客户签名		

小哀接到派工单后，将任务具体分解如下。

任务 1：会议室窗帘、照明灯、排气扇的安装与调试。

任务 2：会议室空调、投影仪的安装与调试。

任务 3：会议室室内环境传感器的安装与调试。

任务 4：会议室控制终端 APP 的开发

任务 5：云平台和"万物互联"APP 的配置。

任务 1　会议室窗帘、照明灯、排气扇的安装与调试

任务描述

根据项目方案与安装示意图，本任务选择项目中的一组窗帘、照明灯、排气扇进行安装与调试。

本任务要实现通过 RF 触摸开关控制照明灯、排气扇的开与关，通过移动终端实现本地和远程控制照明灯、排气扇的开与关，通过遥控器或移动终端控制窗帘的开与关。智能控制系统框架示意图如图 7-1-1 所示。

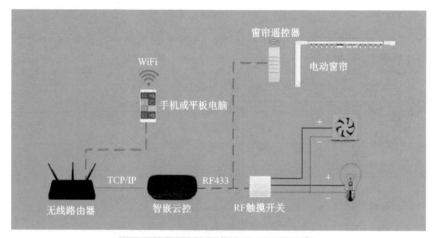

图 7-1-1　智慧控制系统框架示意图

本任务需要用到的设备与材料清单见表 7-1-1。

表 7-1-1　设备与材料清单

名　　称	数　　量	备　　注
智嵌云控	1	—
RF触摸开关	1	采用智嵌品牌，基于RF433通信
灯泡、灯座	1	—
排气扇	1	—
电动窗帘	1	—
电动窗帘遥控器	1	—
无线路由器	1	—
移动终端	1	手机或平板电脑
电源插头	1	—
信号线、电源线等耗材及工具	若干	电源线横截面积不小于$1mm^2$

需要的工具、设备与耗材如图 7-1-2 所示。

任务要求

完成各种设备的固定与安装。

完成各类线缆的连接。

完成"智嵌云控"APP 的安装与部署。

完成局域网的搭建，通过设置使所有连网设备互连互通。

完成 APP 与 RF 触摸开关的关联操作，实现通过移动终端远程或本地控制开关。

遵守电工操作规范，设备安装与布线做到美观牢固、横平竖直。

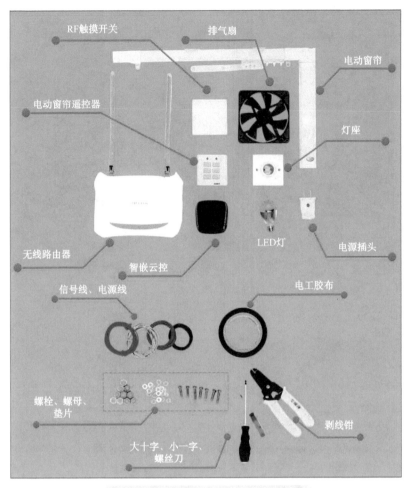

RF触摸开关
排气扇
电动窗帘
电动窗帘遥控器
灯座
无线路由器
智嵌云控
LED灯
电源插头
信号线、电源线
电工胶布
螺栓、螺母、垫片
大十字、小一字、螺丝刀
剥线钳

图 7-1-2　需要的设备、工具与耗材

任务目标

熟悉物联网的基本概念。

能动手安装智能控制系统。

会搭建典型的局域网。

会使用智嵌云控设备及 APP 控制 RF433 开关设备。

知识链接

智慧会议室示意图如图 7-1-3 所示，其最终目的是节省资源、缩短会议筹备时间、提高会议质量。

智慧会议室利用传感设备实时感知任何需要的信息，按照约定的协议，通过可能的网络（如基于 WiFi 的无线局域网、移动通信、电信网等）接入方式，把任何物品与互联网相连接，进行信息交换，达到物与物、物与人的泛在连接，实现对物品的智能化识别、跟踪、监控和管理。

图 7-1-3 智慧会议室示意图

任务实施

一、工作任务与分工表

工作任务与分工表见表 7-1-2。

表 7-1-2 工作任务与分工表

工 作 任 务	具体任务描述	具 体 分 工
设备安装	将触摸开关、灯泡、窗帘、排气扇、灯座、路由器、智嵌云控等设备安装到实训架上	
线路连接	将电源线正确连接到触摸开关上，将触摸开关正确连接到灯与排气扇上 所有线路连接正确，不存在短路、断路的情况，安装顺利，布置恰当 正确连接路由器、电脑、移动终端等设备 通过自主学习完成任务中的练习题	
网络搭建	进入路由器设置，正确设置信息使路由器可以接入局域网 设置路由器的WiFi，使移动设备可以接入路由器 通过自主学习完成任务中的练习题	
设备调试	在移动终端上安装"智嵌云控"APP 在"智嵌云控"APP中添加网关和智能开关设备 在APP中为灯光开关按钮学习RF433编码 通过自主学习完成任务中的练习题	
其他	做到安全用电，遵循先测试再通电的原则 线路连接符合规范 安装过程中保持环境整洁，不乱丢工具、设备、线材 安装过程中不大声喧哗，不随意走动 安装过程中未出现工具、设备掉落等情况	

二、实施步骤

1. 设备安装与布线

步骤1 用螺钉把排气扇、照明灯、路由器、触摸开关、智嵌云控、无线路由器依次安装到实训架上，上螺母时应添加垫片以保证安装牢固，窗帘则用扎带固定在实训架上，要求布局美观。

步骤 2 按照图 7-1-4 完成照明灯和排气扇线路连接。

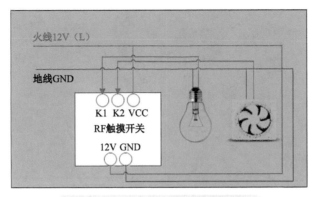

图 7-1-4 照明灯和排气扇接线图

步骤 3 安装电动窗帘。

（a）窗帘电动机的接线方法如图 7-1-5 所示。完成接线后把插头安装到插座上。窗帘电动机工作电压为交流 220V，操作时应注意安全。

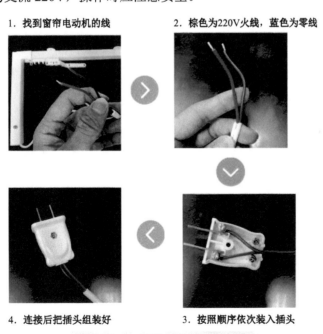

1. 找到窗帘电动机的线

2. 棕色为220V火线，蓝色为零线

4. 连接后把插头组装好

3. 按照顺序依次装入插头

图 7-1-5 窗帘电动机接线方法

（b）窗帘遥控器学习。

使用遥控功能前，必须执行"设置遥控通道"操作，将遥控器的发射通道存储至控制器内。如果要取消之前所设置的遥控通道，可以执行"清除遥控通道"操作窗帘遥控器，如图 7-1-6 所示。

设置遥控通道的操作如图 7-1-7 所示。

清除遥控通道的操作如图 7-1-8 所示。

187

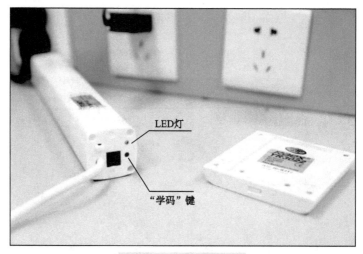

图 7-1-6　窗帘遥控器

持续按电动机"学码"键3s，LED灯长亮，电动机振动一下，进入学码状态

按遥控器"通道左选"键或"通道右选"键，选定要设置的遥控通道，此时相应的指示灯会亮

按遥控器背面的"通道设置"键，电动机收到设置信号后会振动提示

再按一下电动机"学码"键确认操作，至此遥控通道设置完毕

图 7-1-7　设置遥控通道

如果需要将之前所设置的遥控通道全部失效，请执行"清除遥控通道"操作。

持续按电机"学码"键3s，LED长亮，电机振动一下，此时进入学码状态。

再次持续按电机"学码"键7s，直至电机再次发出振动提示，已设置的遥控通道全部清除，此时遥控功能失效。

图 7-1-8　清除遥控通道

步骤 4 完成布线后，用万用表测试线路是否短路、断路。

步骤 5 确认线路正确后，安装灯泡，接通电源，按触摸开关 a 按键能正常开关灯，按 b 按键能正常开关排气扇，则任务完成，完成效果图如图 7-1-9 所示。

2. 网络搭建

步骤 1 线路连接（图 7-1-10）。

（a）用一条网线连接智嵌云控设备到无线路由器。

（b）用一条网线连接路由器的 LAN 口和电脑。

步骤 2 路由器设置。

（a）进入路由器设置，正确设置信息，使路由器可以接入局域网。

（b）设置路由器的 WiFi 名称和密码，使移动设备可以接入路由器。

图 7-1-9 完成效果图

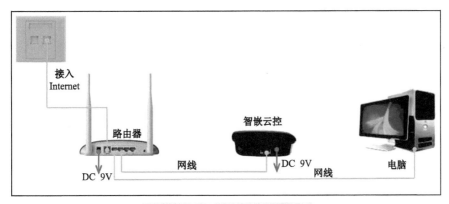

图 7-1-10 网络连线示意图

3. 软件安装与调试

步骤 1 软件安装。

（a）打开手机或平板电脑（基于安卓操作系统），连接智嵌云控设备所在的路由器 WiFi。

（b）运行手机软件市场 APP（如百度手机助手、安卓市场），搜索"智嵌云控"，下载并安装"智嵌云控" APP。

步骤 2 软件调试。

（a）运行"智嵌云控" APP。

（b）在屏幕上向右滑动手指。

（c）选择"我的设备"。

（d）在打开的"添加设备"界面中选择"反馈开关"。

（e）在打开的界面中单击"扫描"，然后长按触摸开关 a 按键 3s，直到 b 按键闪烁。

（f）若提示"添加成功"，则操作完成，否则重复前面两步。

4. 功能测试

（a）返回至"智嵌云控" APP 主界面，向右滑动，选择"反馈开关"。

（b）在打开的界面中单击 a 按钮，查看灯光是否开启，再次单击 a 按钮，查看灯光是否关闭。

5. 自主学习

通过小组讨论、自主探索等，利用设置背景图像等方式，美化"反馈开关"控制界面。

2 会议室空调、投影仪的安装与调试

任务描述

根据项目方案与安装示意图，本任务选择项目中的空调、投影仪进行安装与调试。安装示意图如图 7-2-1 所示。

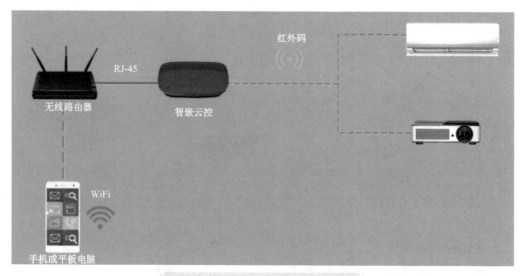

图 7-2-1　空调、投影仪安装示意图

任务要求

完成空调、投影仪的安装。

完成空调、投影仪的线路连接。

完成"智嵌云控"APP 界面布局。

完成空调、投影仪的红外码学习，实现通过 APP 进行控制。

任务目标

能够动手安装空调和投影仪。

会使用智嵌云控设备及 APP 学习空调、投影仪对应的红外码。

知识链接

红外遥控技术是红外通信技术和遥控技术的结合，其特点是不影响周边环境，不干扰

其他电气设备。由于红外线在频谱上位于可见光之外，所以其抗干扰能力强，不易产生相互干扰，是很好的信息传输媒体。红外遥控技术 10 年来发展迅猛，在家电和其他电子领域都得到了广泛应用。

图 7-2-2 红外线

红外线又称红外光波，波长为 0.76 ～ 1000μm，如图 7-2-2 所示。红外线按波长范围可分为近红外线、中红外线、远红外线、极红外线 4 类。红外遥控是利用近红外线传送遥控指令的，其波长为 0.76 ～ 1.5μm。用近红外线作为遥控光源，是因为目前红外发射器件（红外发光管）与红外接收器件（光敏二极管、三极管及光电池）的发光与受光峰值波长一般为 0.8 ～ 0.94μm，在近红外波段内，二者的光谱正好重合，能够很好地匹配，可以获得较高的传输效率及可靠性。

红外遥控技术虽然有不少优点，但是由于红外线本身的限制，在有障碍物或者角度很大时，红外遥控器无法对设备进行遥控。

任务实施

一、工作任务与分工表

工作任务与分工表见表 7-2-1。

表 7-2-1 工作任务与分工表

工 作 任 务	具体任务描述	具 体 分 工
设备安装	将空调、投影仪等设备安装到实训架上	
线路连接	将电源线正确连接到空调、投影仪等设备上 所有线路连接正确，不存在短路、断路的情况，安装顺利，布置恰当 正确连接路由器、电脑、移动终端等设备 通过自主学习完成任务中的练习题	
设备调试	在移动终端上安装"智嵌云控"APP 在"智嵌云控"APP中添加相关设备 通过APP学习空调和投影仪的红外码 通过自主学习完成任务中的练习题	
其他	做到安全用电，遵循先测试再通电的原则 线路连接符合规范 安装过程中保持环境整洁，不乱丢工具、设备、线材 安装过程中不大声喧哗，不随意走动 安装过程中未出现工具、设备掉落等情况	

二、实施步骤

步骤1 设备安装与布线。

（a）根据任务 1 的硬件布局完成模拟空调和投影仪的安装与固定。

（b）模拟空调的工作电压为 12V，模拟空调如图 7-2-3 所示。

（c）如图 7-2-4 所示，找到模拟空调的电源线，并把它连接至 12V 电源。

图 7-2-3　模拟空调　　　　　　　图 7-2-4　模拟空调电源线

（d）将电源线连接至模拟空调，按下开关按钮查看模拟空调能否正常运行，如图 7-2-5 和图 7-2-6 所示。

 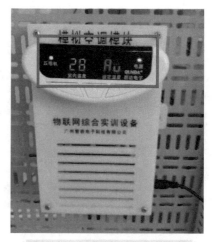

图 7-2-5　模拟空调接电源线　　　　　图 7-2-6　模拟空调正常运行

步骤 2　学习红外码。

（a）运行"智嵌云控"APP，向右滑动，选择"遥控"，打开的界面如图 7-2-7 所示。

（b）单击界面中的"+"按钮，打开图 7-2-8 所示的菜单。

（c）选择"新建遥控"，在打开的界面中将这个遥控命名为"自定义"，如图 7-2-9 所示。

（d）单击"类型"，在打开的菜单中选择"自定义"，然后单击"确定"按钮，完成类型选择，如图 7-2-10 所示。

（e）单击"设备"，在打开的菜单中选择"智嵌云控 14"，然后单击"确定"按钮，完成设备选择，如图 7-2-11 所示。

（f）单击图 7-2-12 所示界面右上角的对钩按钮，完成遥控的新建，并打开这个遥控的控制界面。

图 7-2-7　遥控界面

图 7-2-8　打开相应的菜单

图 7-2-9　新建遥控界面

图 7-2-10　选择类型

图 7-2-11　选择设备

图 7-2-12　完成遥控的新建

（g）回到 APP 主界面并向左滑动，然后选择"编辑"，在输入密码（智嵌云控所设置的密码），打开编辑界面，如图 7-2-13 所示。

（h）单击编辑界面左上方的"+"按钮，打开控件菜单栏，如图 7-2-14 所示。找到"空调开关"控件，长按拖拽出来，如图 7-2-15 所示。

图 7-2-13 输入密码并打开编辑界面

图 7-2-14 控件菜单栏

图 7-2-15 拖拽出控件

（i）单击新建的空调开关按钮，在图 7-2-16 所示的界面中单击"学习"，然后选择"学习红外码"。

（j）按照 APP 提示学习相应的红外码，如图 7-2-17 所示。

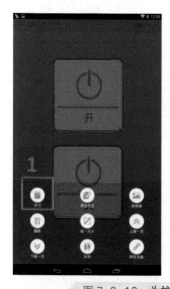

图 7-2-16 为按钮学习红外码

图 7-2-17 按提示学习红外码

步骤 3 自主学习完成以下任务。

（a）如果要使用"智嵌云控"APP 控制投影仪，应该如何学习相应的红外码呢？

（b）完成实训并记录过程。

任务 3 会议室室内环境传感器的安装与调试

任务描述

根据项目方案与安装示意图，本任务选择项目中的室内环境传感器进行安装与调试。要求能够获取数据，并能通过移动终端查看数据。系统示意图如图7-3-1所示。

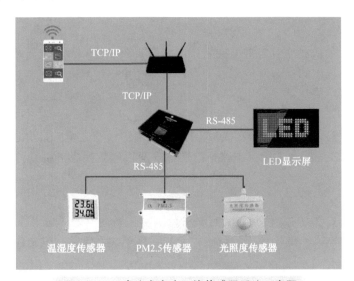

图7-3-1 会议室室内环境传感器系统示意图

本任务需要用到的设备与材料清单见表7-3-1。

表7-3-1 设备与材料清单

名　称	数　量	备　注
网关	1	智嵌物联网网关
无线路由器	1	TP-LINK
温湿度传感器	1	—
光照度传感器	1	—
PM2.5传感器	1	—
LED显示屏	1	—
网线、电源线	若干	电源线横截面积大于或等于1mm^2

任务要求

完成相关设备的安装和固定。

完成线路连接。

完成局域网的搭建，并通过设置使所有设备连网。

完成网关程序的编写。

遵守电工操作规范，设备安装与布线做到美观牢固、横平竖直。

任务目标

了解传感器的基本作用和连线方法。

会编写网关程序获取传感器数据。

知识链接

一、温湿度传感器

温湿度传感器是检测空气温湿度的装置，它能将温度量和湿度量转换成容易被测量和处理的电信号。市场上的温湿度传感器一般测量温度和相对湿度（图7-3-2）。

温湿度传感器主要包括湿敏电容和转换电路两部分，湿敏电容由玻璃底衬、下电极、湿敏材料、上电极4个部分组成。湿敏材料是一种高分子聚合物，它的介电常数随着环境的相对湿度变化而变化。当相对湿度增大时，湿敏电容量随之增大，反之减小（电容量通常在48～56pF）。传感器的转换电路把湿敏电容变化量转换成电压量。

二、光照度传感器

光照度传感器如图7-3-3所示，具有测量范围宽、线性度好、防水性能好、使用方便、传输距离远、可靠性高、结构美观等特点，尤其适用于农业大棚、城市照明等场所。

图7-3-2　温湿度传感器

图7-3-3　光照度传感器

光照度传感器基于热点效应原理，采用了对弱光也有较高灵敏度的探测部件，内部有绕线电镀式多接点热电堆，其表面涂有高吸收率的黑色涂层，热接点在感应面上，而冷接点则位于机体内，冷、热接点之间产生温差电势。在线性范围内，输出信号与太阳辐照度成正比。

为了减小温度的影响，有些光照度传感器还采用了温度补偿线路，这在很大程度上提高了光照度传感器的灵敏度和探测能力。

三、PM2.5 传感器

PM2.5 传感器也称粉尘传感器、灰尘传感器，可以用来检测空气中的粉尘浓度，如图7-3-4所示。

PM2.5 传感器是根据光的散射原理开发的，微粒和分子在光的照射下会产生光的散射现象，同时吸收部分照射光的能量。当一束平行单色光入射到被测颗粒场时，会受到颗粒周围散射和吸收的影响，光强将衰减。如此一来便可求得入射光通过待测场的相对衰减率。而相对衰减率的大小基本上能线性反映待测场灰尘的相对浓度。光

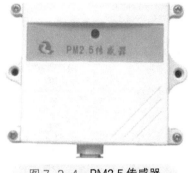

图 7-3-4　PM2.5 传感器

强的大小和经光电转换的电信号强弱成正比，测得电信号就可以求得相对衰减率，进而就可以测定待测场灰尘的浓度。

PM2.5 传感器被设计用来感应空气中的尘埃粒子，其内部对角安放着红外线发光二极管和光电晶体管，它们的光轴相交，当带灰尘的气流通过光轴相交的交叉区域时，灰尘对红外光进行反射，反射的光强与灰尘浓度成正比。接收传感器检测到反射光的光强，输出信号，根据输出信号判断灰尘的浓度，通过输出两个不同的脉宽调制信号来区分不同灰尘颗粒物的浓度。

PM2.5 传感器内置气流发生器，可以自行吸引外部大气，具有更低惯性的 PM2.5 颗粒会在半路上浮，以便于光电传感器检测，利用与粒子计算器相同的原理，检测出单位体积粒子的绝对个数。其通过可调电阻设置检测灰尘颗粒的尺寸大小。

任务实施

一、工作任务与分工表

工作任务与分工表见表 7-3-2。

表 7-3-2　工作任务与分工表

工 作 任 务	具体任务描述	具 体 分 工
设备安装	将各处设备按照安装位置图固定在实训架的指定位置上，要求安装稳固、美观大方	
线路连接	将电源线正确连接到网关、传感器上，将网关485线正确连接到各传感器上 所有线路连接正确，不存在短路、断路的情况，安装顺利，布置恰当 网关正确连接路由器、电脑、移动终端等设备 通过自主学习完成任务中的练习题	
程序编写	使用网关代码编辑器编写网关程序，用于获取各传感器的信息，并在Web页面上显示相应数据 通过自主学习完成任务中的练习题	
其他	做到安全用电，遵循先测试再通电的原则 线路连接符合规范 安装过程中保持环境整洁，不乱丢工具、设备、线材 安装过程中不大声喧哗，不随意走动 安装过程中未出现工具、设备掉落等情况	

二、实施步骤

1. 设备安装与布线

步骤1 按图 7-3-5 将各设备安装到实训架上。

步骤2 按图 7-3-6 完成线路连接。

每个传感器模块都有 4 条线：火线、零线、485A、485B。必须将这些线缠绕在一起，缠线图如图 7-3-7 所示。

步骤3 完成布线后，用万用表测试线路是否短路、断路。

步骤4 确认线路正确后，接通电源，盖好线槽，完成效果图如图 7-3-8 所示。

2. 编写网关程序（完整的程序代码请在本书资源库中查找）

步骤1 声明云变量，相关代码如图 7-3-9 所示。

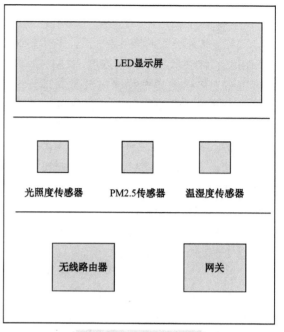

图 7-3-5 系统布局图

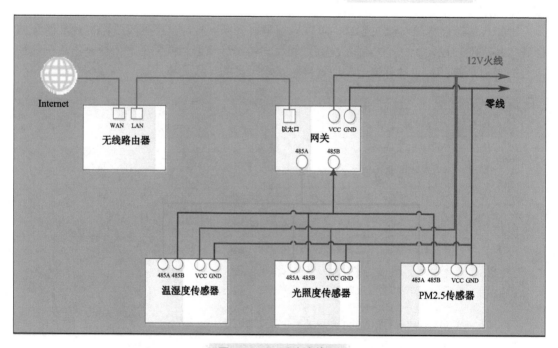

图 7-3-6 系统连线图

图 7-3-7 缠线图

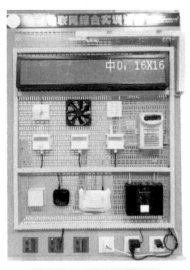

图 7-3-8 完成效果图

图 7-3-9 声明云变量的代码

步骤 2 获取传感器数据，相关代码如图 7-3-10 所示。

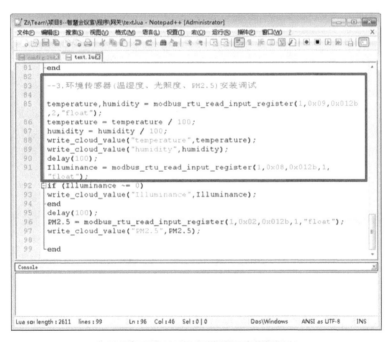

图 7-3-10 获取传感器数据的代码

3. 功能测试

步骤 1 通过访问网关 IP 地址，进入 Web 页面，查看是否有数据上传到网关。

步骤 2 查看 LED 显示屏上是否显示了相应的信息。

任务 4　会议室控制终端 APP 的开发

任务描述

在任务 3 的基础上，本任务将使用 APP Inventor 开发一个能够获取传感器数据且能实现远程控制灯光的 APP。

任务要求

完成会议室控制终端 APP 的界面设计。

完成 APP 逻辑代码的编写。

获取传感器数据，实现远程控制功能。

完成 APP 与传感器的关联操作，根据传感器数据变化实现自动开灯、开排气扇。

任务目标

了解 APP Inventor 的开发环境。

能使用 APP Inventor 完成界面设计。

能使用 APP Inventor 实现数据获取。

能依据获取的数据对开关设备进行自动控制。

知识链接

APP Inventor 是谷歌公司开发的一款采用拖拽操作的可视化编程工具，主要用于构建运行在安卓平台上的移动应用。首先，APP Inventor 提供了基于 Web 的图形化用户界面设计工具，可以设计应用的外观；然后，用户可以像玩拼图游戏一样，将块语言拼在一起，来定义应用的行为。

一、APP Inventor 的主要用途

（1）创建原型应用。

（2）构建个性化应用。

（3）开发完整的应用。APP Inventor 不只是一个原型开发工具或界面设计器，它也可以用来创建各种完整的应用。它所使用的块语言提供了所有基础的编程指令，如循环语句及条件语句等，只不过是以"块"的形式来呈现而已。

（4）教学。无论是对于初中、高中还是大学的学生，APP Inventor 都是一个非常出色的教学工具。它的出色不仅仅是对计算机科学而言，对于数学、物理、工商管理，以及几乎任何其他学科来说，它也是一个了不起的工具。

二、APP Inventor 的优点

（1）无须记忆和输入指令。对于初学者来说，学习编程面临的最大困难有两个：一是要输入代码，二是要面对那些计算机弹出的令人费解的错误信息。这种困难带来的挫折感导致很多初学者还来不及体会解决逻辑性问题的乐趣，就中途放弃了。

（2）使用方便。在 APP Inventor 中，组件和代码块被分门别类地放置，触手可得。编程的过程就是找到这些块并把它们拖到程序中，以实现自己所预想的功能，而无须记住指令或查阅参考手册。

（3）限定代码块之间的匹配。同那些让程序员感到挫败的神秘错误信息相比，APP Inventor 的块语言从一开始就排除了很多犯错的机会。例如，如果一个代码块要求用户输入数字，那么用户就无法输入数字以外的任何字符。这虽然不能消除所有的错误，但起码会排除很多低级错误。

（4）事件的即时处理。对于传统的编程语言，编写程序就是按照特定的顺序输入一组命令，就像厨师照着菜谱的流程做菜一样。但是在图形化用户界面中，特别是在移动应用中，程序不再按照某个特定的顺序执行，而是由那些随时可能发生的事件（如收到短信或来电）触发运行。因此，大多数程序都不再采用这种菜谱的模式，取而代之的是对事件的处理。事件处理程序的工作方式是"当某事件发生时，做某事"。

感兴趣的读者可登录 http://app.gzjkw.net/login/ 进行注册与学习（图 7-4-1）。

图 7-4-1　APP Inventor 登录界面

图 7-4-2　智慧会议室中控界面

任务实施

一、任务分析

本任务将利用 APP Inventor 开发一个能够实时显示温湿度、光照度、PM2.5 数据，并且能够根据窗帘、灯光、排气扇、空调、投影仪的当前状态来对其进行控制的一个"智慧会议室"系统，该系统做完效果如图 7-4-2 所示，整个开发流程如图 7-4-3 所示。

二、实施步骤

步骤 1　组件设计。

本任务要用到的组件见表 7-4-1，组件设计效果如图 7-4-4 所示，相关组件属性如图 7-4-5 ～图 7-4-7 所示。

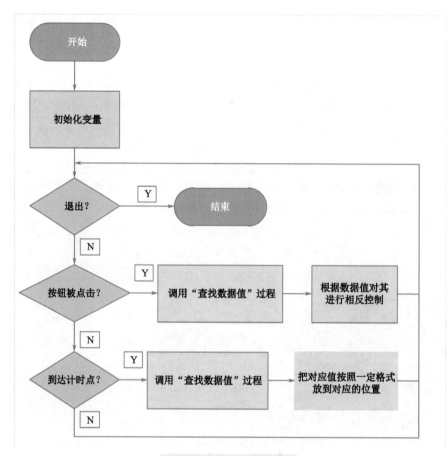

图 7-4-3　程序流程图

表 7-4-1　本任务要用到的组件

组　件	命　名	属　性　名	属　性　值
Screen	Screen1	标题	智慧会议室
水平布局	水平布局1	高度	充满
		宽度	充满
	水平布局2	高度	30%
		宽度	充满
垂直布局	垂直布局1	高度	充满
		宽度	充满
		水平对齐	居中
		垂直对齐	居中
	垂直布局2	高度	充满
		宽度	充满
		水平对齐	居中
		垂直对齐	居中

续表

组 件	命 名	属 性 名	属 性 值
标签	温度	字号	20
	湿度	字号	20
	光照度	字号	20
	PM2_5	字号	20
按钮	窗帘	字号	18
		宽度	15%
	灯光	字号	18
		宽度	15%
	排气扇	字号	18
		宽度	15%
	空调	字号	18
		宽度	15%
	投影仪	字号	18
		宽度	15%
Web客户端	网关	网址	网关IP地址
计时器	计时器1	计时间隔	1000

图 7-4-4 组件设计效果

图 7-4-5 组件列表

步骤 2 逻辑设计（获取数据）。

（a）首先定义两个全局变量。其中，"数据暂存"用于暂时存储还未处理完的数据，初始值为空的文本；"数据"用于存储已经处理完的数据，初始值为空的列表，如图 7-4-8 所示。

图 7-4-6　网关组件属性　　　　　图 7-4-7　计时器组件属性

（b）添加计时器事件和网关接收到文本时的事件。

（c）获取网关的云变量和其对应的值。当计时器每次到达计时点时，计时器就向网关发出 Get 请求，获取网关的数据，如图 7-4-9 所示。

图 7-4-8　定义全局变量并设置初始值　　　　图 7-4-9　计时器获取网关数据

（d）把网关返回的数据转换成 JSON 格式。网关返回的数据不能直接使用，须将数据转换成 JSON 格式并存储到"数据暂存"中，如图 7-4-10 所示。

图 7-4-10　把数据转换成 JSON 格式并保存到"数据暂存"中

（e）把 JSON 格式的文本转换成列表。为了方便后面调取单个数据，把转成 JSON 格式的文本通过 Web 客户端解析，然后保存到"数据"中，如图 7-4-11 所示。

图 7-4-11　把 JSON 格式的数据转换成列表类型并保存到"数据"中

（f）通过列表查找的代码块把单个数据截取出来，如图 7-4-12 所示。

图 7-4-12　从数据列表里查找对应数据

（g）获取数据并显示出来，如图 7-4-13 所示。

图 7-4-13　在数据列表不为空时把数据显示出来

步骤 3　逻辑设计（开关控制）。

（a）想要控制控件的状态，就要改变网关上对应变量的值，这可以通过 POST 请求来实现，如图 7-4-14 所示。

图 7-4-14　执行 POST 请求

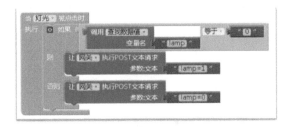

图 7-4-15　根据控件当前状态进行控制

（b）根据控件的当前状态对其进行控制，如图 7-4-15 所示。

（c）因为向网关 POST 数据会返回"OK"，所以要把网关返回时的代码改成如图 7-4-16 所示。

图 7-4-16　修改后的代码

步骤 4　自主学习完成以下任务。

（a）APP Inventor 能不能实现自动控制呢？

（b）自动控制是由网关实现好，还是由 APP Inventor 实现好？

（c）手动控制和自动控制哪个的优先级高？

（d）在制作完成的 APP 中，单击空调、窗帘按钮，学习新的红外码与 RF433 无线码并进行开关控制。

任务 5 云平台和"万物互联"APP 的配置

任务描述

本任务将把任务 4 创建的智慧会议室系统连接到云平台上。

任务要求

完成智慧会议室系统连接 Internet。

完成智慧会议室系统关联云平台。

完成智慧会议室系统云平台远程控制。

将智慧会议室系统环境传感器的数据上传到云平台。

任务目标

能够把各传感器的数据上传到云平台。

能够通过云平台进行控制。

任务实施

1. 配置 OneNET（图 7-5-1）

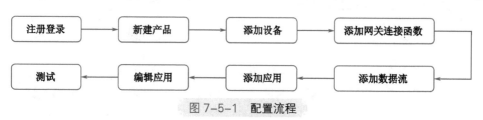

图 7-5-1 配置流程

步骤 1 新建产品。

登录之后单击右上角的"开发者中心"（图 7-5-2），然后单击"创建产品"（图 7-5-3）。在创建产品时，除了填写必要的资料之外，还要选择接入方式和接入协议，如图 7-5-4 所示。

图 7-5-2 进入开发者中心

图 7-5-3 创建产品

图 7-5-4　选择接入方式和接入协议

步骤 2　添加设备。

在创建完产品之后会弹出一个对话框（图 7-5-5），选择"立即添加设备"→"添加设备"。在添加设备时，注意要将"数据保密性"设为"公开"（图 7-5-6）。

图 7-5-5　提示对话框

图 7-5-6　添加设备

步骤 3　添加网关连接函数。

在网关中添加如下代码：

```
--设置云平台对接函数（网口连接方式）
LAN_set_cloud("183.230.40.39",876,"10035749","zfU9=fAAXR3rYOLNNOY8ZpvmIGE=",4);
        -- 云服务器地址  *端口 *设备ID    *设备api-key           *上传周期
```

步骤 4　添加数据流。

单击"数据流模板"→"添加数据流"，弹出一个对话框（图 7-5-7），输入相关信息。

步骤 5　添加应用。

单击"应用管理"→"创建应用"，出现图 7-5-8 所示的对话框，注意将"应用状态"设为"公有的"。

图 7-5-7 添加数据流

图 7-5-8 创建应用

步骤6 编辑应用。

单击"编辑"按钮打开设计面板（图7-5-9），左边有一栏控件，从上到下分别是文本、图片、折线图、柱状图、仪表盘、地图、开关、旋钮、命令框。这里介绍一下比较简单也比较重要的两个控件：折线图（图7-5-10）和开关（图7-5-11）。

图 7-5-9 单击"编辑"按钮

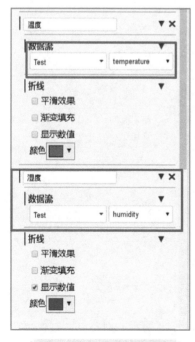

图 7-5-10 折线图的使用

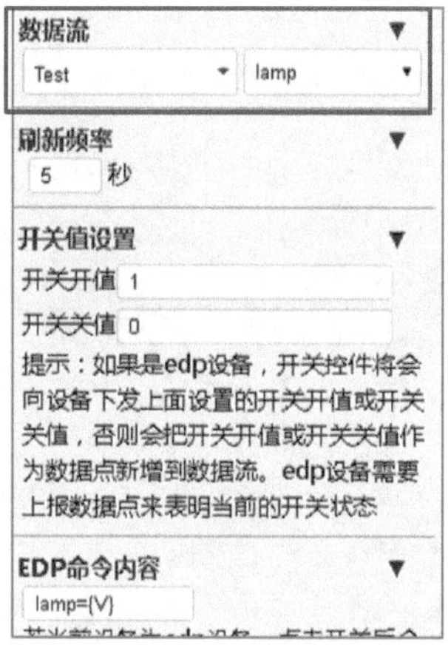

图 7-5-11 开关的使用

步骤7 测试。

（a）测试通信是否正常。在"设备管理"中看到刚才添加的设备名称前面的点为绿色（图 7-5-12），说明通信正常。

图 7-5-12 通信正常

（b）测试应用是否正常运作。在"应用管理"中单击已经编辑完的应用，可以看到发布的链接，通过链接可以看到应用，如果数据正常且开关能够正常使用，那就表示应用可以正常运作。

2. 配置"万物互联"APP（图 7-5-13）

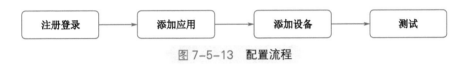

图 7-5-13 配置流程

步骤1 添加应用。

登录之后单击左边"系统管理"里的"应用管理"→"添加"，打开图 7-5-14 所示的界面，应用 ID 可以在 OneNET 的"设备管理"里查看（图 7-5-15），应用秘钥可以在 OneNET 的"APIKey 管理"里查看（图 7-5-16），应用密码是在"万物互联"APP 里打开应用时的密码（添加完之后需要等管理员审核通过才可以使用）。

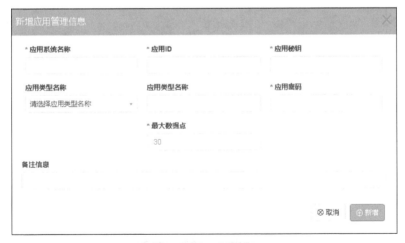

图 7-5-14 添加应用

图 7-5-15 查看应用 ID

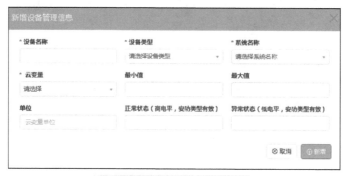

默认**APIKEY**　默认关联本产品所有设备

APIKey: zfU9=fAAXR3rY0LNN0Y8ZpvmIGE=
创建时间：

图 7-5-16　查看应用秘钥

步骤 2　添加设备。

单击"系统管理"里的"设备管理"→"添加"，打开图 7-5-17 所示的界面，系统名称选择上一步添加的应用，云变量是在选择系统名称之后获取的变量名。

图 7-5-17　添加设备

步骤 3　测试。

配置完之后用手机打开"万物互联"APP，打开"类别"就可以在对应的设备类型里找到设置好的设备，设备数据正常表示添加成功（图 7-5-18）。

图 7-5-18　显示数据

3. 自主学习

OneNET 里的触发器有什么作用？

OneNET 能不能做到自动控制呢？如果能，那么自动控制是放在网关好还是放在 OneNET 好呢？

本项目电子资料包
可以扫描二维码查看